渝东南地区龙马溪组富有机质页岩甲烷吸附机理研究

张　寒　朱炎铭　著

中国矿业大学出版社

·徐州·

内 容 简 介

本书以渝东南地区龙马溪组富有机质页岩为研究对象,系统研究了龙马溪组主要吸附载体的形成机制与吸附特征,结合分子模拟与实验验证,揭示了超临界状态下甲烷在页岩中的吸附动态变化以及吸附效应,并在此基础上对龙马溪组页岩含气性演化特征展开了研究,适合从事页岩气地质、吸附态气体成藏与模拟的广大读者阅读参考。

图书在版编目(C I P)数据

渝东南地区龙马溪组富有机质页岩甲烷吸附机理研究/
张寒,朱炎铭著.—徐州:中国矿业大学出版社,

2023.12

ISBN 978 - 7 - 5646 - 5801 - 4

Ⅰ.①渝… Ⅱ.①张… ②朱… Ⅲ.①油气藏形成—
研究—重庆 Ⅳ.①P618.130.2

中国国家版本馆 CIP 数据核字(2023)第 071464 号

书　　　名	渝东南地区龙马溪组富有机质页岩甲烷吸附机理研究	
著　　　者	张　寒　朱炎铭	
责任编辑	周　红　褚建萍	
出版发行	中国矿业大学出版社有限责任公司	
	（江苏省徐州市解放南路　邮编 221008）	
营销热线	(0516)83885370　83884103	
出版服务	(0516)83995789　83884920	
网　　　址	http://www.cumt.com　**E-mail**:cumtpvip@cumt.com	
印　　　刷	苏州市古得堡数码印刷有限公司	
开　　　本	787 mm×1092 mm　1/16　**印张** 9　**字数** 230 千字	
版次印次	2023 年 12 月第 1 版　2023 年 12 月第 1 次印刷	
定　　　价	52.00 元	

（图书出现印装质量问题,本社负责调换）

前　言

我国页岩气开发已经历了初期的概念引入、引证找气,目前已进入商业开发阶段,产能主要集中于四川盆地下志留统龙马溪组与下寒武统筇竹寺组,其中涪陵焦石坝地区焦页 1 井于 2012 年率先突破,截至 2022 年年底,焦石坝区块已累计产气 532 亿 m^3,累计探明储量近 9 000 亿 m^3。与焦石坝区块相邻的渝东南地区以齐岳山断裂带与之相隔,二者龙马溪组页岩的沉积-物源条件相仿,在最大埋深前沉积埋藏史相似,而燕山期差异抬升导致二者储层压力分异明显,焦石坝地区形成较高的压力梯度,渝东南地区压力系数则多为常压。因此,渝东南地区的演化-成藏控制了现今龙马溪组页岩气藏的含气性。页岩气赋存相态中,游离相受控于孔隙空间和储层温压条件,吸附相则额外受控于吸附介质,吸附态气体所占比例为 20%～85%,储层条件下,吸附相与游离相处于动态平衡,是页岩气赋存富集机理研究的关键。

因此,本书以渝东南地区龙马溪组富有机质页岩为研究对象,系统研究龙马溪组主要吸附载体的形成机制与吸附特征,通过分子模拟研究超临界条件下甲烷在有机组分/黏土表面的吸附过剩量、吸附过程及影响因素,结合分子模拟与实验验证,揭示页岩的微观吸附机理与动态演化规律;同时基于研究区沉积-生物演化特征,结合孔隙特征、目的层沉积-埋藏演化史,对页岩储层理论最大含气量开展半定量研究,进而分析现今储层条件下龙马溪组页岩的含气性特征,为页岩气资源精准评估及勘探开发选区实践提供理论依据。本书共 7 章,第 1章绪论,简要介绍了国内外页岩气勘探开发现状、分子模拟手段与进展;第 2 章地质背景与研究方法,简要介绍了研究区的地质概况及本书采用的研究方法;第 3 章龙马溪组物质成分特征与控制因素,分析了研究区龙马溪组沉积期的沉积演化特征及其控制下的物质成分变化特征;第 4 章页岩组分吸附机理,对页岩中主要吸附载体的单一及混合组分的理想吸附特征进行了模拟,探讨了关键控制因素;第 5 章页岩吸附效应,针对储层高温高压的超临界条件,分析了储层条件下过剩吸附的特征及主要控制因素;第 6 章渝东南地区龙马溪组页岩储层赋存能力,结合目的层组分孔隙特征、区域地质演化,阐述了地质演化中龙马溪组页岩的含气性变化特征,以及现今最大含气量随埋深变化的趋势;第 7 章结论与展望,总结了研究成果,对未来资源量估算中吸附相态计算方法等方面做出了展望。

本书的研究工作得到了国家自然科学基金(41772141、41272155)和国家重点基础研究发展计划(2012CB241702)的支持,在此表示感谢。在本书的研究、写作过程中,昆士兰大学 D. D. Do 教授及中国矿业大学陈尚斌教授、王阳副教授和刘宇博士提出了宝贵意见和建议,在此一并表示感谢。同时,感谢中国矿业大学与昆士兰大学超级计算中心在计算过程中提供的支持。

由于著者水平有限,书中难免存在不妥之处,恳请读者和同行不吝指正。

著　者

2023 年 8 月

目　　录

1 绪   论

1.1 研究意义

随着对天然气需求的增长以及常规油气资源勘探开发难度的增加,人们越来越多地重视非常规气藏,如致密砂岩气、煤层气以及页岩气。页岩气是指主体位于富有机质泥页岩中,以吸附与游离态为主,赋存于储层孔(裂)隙内的天然气聚集,其生成、储集和封盖都发生在页岩体系内,表现为典型的"原地"成藏模式[1-3]。页岩气概念的提出与成功商业开发在全球范围内掀起了页岩气革命,其突破性意义在于:突破了常规储层下限和传统圈闭成藏概念,增加了资源类型与资源量,并带动了油气勘探开发技术的进步。全球页岩气资源丰富,作为一种非常规油气资源,页岩气具有分布面积广泛、资源含量较高、产量稳定、生产周期较长和开采寿命较长、勘探开发技术要求较高[4]等特点。

美国各盆地研究表明,页岩气成因多样,已开发的页岩气藏包括生物化学、热解、裂解等有机生气作用模式,有机质与黏土相关的孔隙为页岩气保存的主要场所[5-7]。1992 年美国在 Barnett 页岩气藏的第一口水平井获得较好的产能,随后 Barnett 页岩气藏的开发生产模式在北美工业界得到推广,对美国的能源形势起到重要的贡献,使其成为目前页岩气产量最高的国家,其中以 Barnett 页岩以及 Marcellus 页岩开发最为成功。2011 年全美页岩气产量为 $1\ 800\times10^8\ m^3$,占天然气产量的 34%,2012 年快速上升到 $2\ 560\times10^8\ m^3$,至 2018 年为 $5\ 210\times10^8\ m^3$,后受天然气价格影响,页岩气产量增速放缓。美国在页岩气产能上的快速突破,促进了国际上对页岩气的关注,加拿大、澳大利亚、欧洲、新西兰以及中国都加大了页岩气的研究和资源评价勘探力度,并取得了明显的进展[8-9]。

页岩气概念兴起后,国内众多学者逐步开展适合中国地质特征的页岩气研究工作[10-13],经勘查和理论分析,对页岩气地质储量进行了概略评估[14-16],且进行了勘探开发技术方面的讨论[4,17-19],在海相下古生界和陆相中生界等地层勘探方面均有进展。丛式水平井、体积压裂等方法的应用有效地增加了单井产能[20]。国土资源部 2012 年公布的首次全国页岩气资源调查结果显示,我国陆域页岩气地质资源潜力为 $134.42\times10^{12}\ m^3$,可采资源潜力为 $25.08\times10^{12}\ m^3$(不含青藏地区),同年页岩气产量为 $0.25\times10^8\ m^3$,其中中石化涪陵页岩气田的焦页 1 井钻遇工业气流,这极大地推动了国内页岩气的开发进程。至 2014 年,页岩气产量迅速攀升至 $13\times10^8\ m^3$,随后产量成倍增长。2022 年,我国页岩气产量达 $220\times$

10^8 m³，较 2018 年增加 122％，其中涪陵页岩气田的产量为 $73×10^8$ m³，累计生产页岩气 $488×10^8$ m³；中石油页岩气产量为 $140×10^8$ m³，主要产能集中在四川威远，并在四川盆地及周缘探明多个龙马溪组页岩气藏。国内页岩气研究以上扬子地区四川盆地龙马溪组研究程度最高，对其成藏方式、孔隙结构特征与渗流、吸附特征等均有涉及[21-24]，陆相页岩气研究相对较少，以鄂尔多斯盆地延长组为主[25-28]。

本书选取渝东南地区下志留统龙马溪组页岩为研究对象，通过分子模拟研究超临界条件下甲烷在有机组分/黏土表面的过剩吸附量、吸附过程及影响因素，旨在揭示页岩的微观吸附机理与动态演化；同时基于研究区沉积-生物演化，结合孔隙特征、目的层沉积-埋藏演化，利用综合模拟结果对龙马溪组页岩储层理论最大含气量展开半定量研究，并进一步分析现今储层条件下页岩的含气性特征，对正确认识储层条件下气体的保存与成藏过程具有理论意义，为页岩气资源评估及勘探开发实践提供理论依据。

1.2 研究现状

1.2.1 页岩气基础地质理论

通过总结国内外页岩气基础地质研究，对页岩气藏特征已有较明确的认识。页岩气成因包括热成因、生物成因以及混合成因，国内以热成因气为主，气藏内气体赋存相态多变，以吸附态与游离态为主。吸附气量与有机质丰度相关，有机碳含量、成熟度的升高均导致吸附气含量增加[8]，吸附态气体所占比例为 20％～85％；游离态气体的赋存与页岩孔隙、埋深、温度等条件相关；溶解气一般小于 0.1％，相关研究相对滞后。

页岩气藏源岩岩性多样，页岩气主体赋存于富有机质的暗色泥页岩或高碳泥页岩中，但也存在于夹层状的粉砂岩、粉砂质泥岩、泥质粉砂岩，甚至砂岩地层中；页岩储层的矿物组成较为复杂，包括黏土矿物和脆性矿物（石英、碳酸盐），从而影响页岩孔隙结构特征。页岩内宏观孔隙发育程度较低，纳米级孔隙发育程度相对较高，导致页岩储层的低孔、低渗性；页岩气层为源-储-盖一体的自生自储含气系统，成藏上具有隐蔽性，不以常规圈闭的形式存在。同时，页岩气发育层位往往为致密气、常规油气气源，非常规-常规油气资源在成因上有序伴生，空间上有序聚集[29]。

孔隙是页岩气藏内气体主要的赋存空间，因而有必要首先明确孔隙分类系统。目前应用最广的是 IUPAC 的分类方法[30]，即基于氮气 77 K 时吸附-解吸曲线，将孔隙分为三类：＜2 nm 为微孔，2～50 nm 为介孔，＞50 nm 为大孔。而页岩孔隙分布跨度较大，纳米级至微米级均有分布，因而亦有指数式分类，即裂隙（＞10 μm）、大孔（1～10 μm）、中孔（100～1 000 nm）、过渡孔（10～100 nm）、微孔（＜10 nm）[31]。吸附现象在较小的孔隙范围内较为显著，因而书中讨论微观模拟孔隙时使用 IUPAC 分类标准，而针对宏观页岩则使用指数式分类。

由于页岩孔隙同时影响到吸附气与游离气的赋存，因而对于页岩孔隙，尤其是纳米级的孔隙研究较为深入[32-35]，表明页岩具有较宽的孔径分布范围，阶段孔径峰值在微孔-过渡孔阶段；通过扫描电镜直接观察[5,34-36]，发现孔隙复杂的形态结构与连通关系，并在以有机质为基质的孔壁上观察到多级凸起，更表明了页岩孔隙结构的多变性与复杂性。微孔-过渡孔孔隙发育影响因素很多，包括有机质含量、成熟度、矿物成分特征及组合等[33,37-39]，多认为有机质为微孔发育的有利物质载体，Loucks 等[35]系统研究了 Barnett 泥页岩中有机质与微孔发育的关系，发现存在三种类型的微孔隙，其中有机质颗粒内的孔隙最为发育，一个有机碎屑颗粒内可发育大量不规则的微孔，颗粒内孔隙度高达 20.2%，孔径在 5~750 nm 之间，平均值约为 100 nm。此外大量实验数据表明，有机质含量与含气量、甲烷吸附量呈明显的正相关趋势，原因在于有机质内微观孔隙大量发育，可形成较大的内表面积[22,40-41]。

而对黏土与含气量、吸附量的关系存在一定争议，有研究表明黏土与内表面积、孔隙体积呈正相关关系[21-22,42]，但也有学者认为黏土与孔隙发育程度相关性较弱[21,43]；同样黏土含量与吸附能力可呈正相关关系[33,44-45]；但文献中亦可见黏土对吸附量并没有显著的贡献，甚至呈负相关关系[45-46]，或者与层位的成岩状态有关[47]。对于有机组分与无机组分复合形成的孔隙研究表明，该类孔隙的存在提高了页岩储集能力[48]。

1.2.2　渝东南地区研究、开发现状

龙马溪组下段由于有机质含量高、厚度大、分布稳定而备受关注，其页岩气含气量、吸附气含量与有机地化特征呈现明显的相关关系，有机质微孔缝为页岩储层中气体赋存的主要场所[8,49]，因而有机质的形成与保存成为页岩气成藏机理研究关注的重点。目前国内页岩气产能最高的焦石坝地区位于研究区北侧，在龙马溪组页岩形成时处于深水陆棚环境，导致了页岩中有机质含量较高，同时成熟度较高，有机质已进入生气晚期并贡献出了大量孔隙空间[50]。亢韦[51]对龙马溪组生物演化特征及其对页岩气成藏效应有探索性研究，表明以笔石为代表的生物复苏与发展控制了龙马溪组纵向上的有机质变化，从而形成下部高TOC 含量段，同时下段成炭化保存的笔石可形成以微孔-过渡孔为主的有机质孔隙，为气藏内的有利储集空间；但也有研究表明笔石丰度与有机质含量相关性较弱[52]。

除有机质外，黏土矿物由于其微孔结构较为发育，具有较大的表面积同样也成为龙马溪组页岩气成藏研究的重点。黏土矿物作为泥页岩中的主要矿物，对岩石孔隙特征起到控制作用。龙马溪组黏土晶层形成的层间孔隙普遍发育，这些微孔隙不仅增加了页岩的比表面积，而且为天然气提供了吸附的场所，黏土的矿物含量与岩石的比表面积、介孔发育呈正相关关系[21,37,53]。同时黏土的微孔、低渗性又形成了较好的气藏封闭能力，以焦石坝地区为例，由于气藏顶底岩层突破压力高，形成了较高的压力梯度（23.1 MPa/km），加之埋深大（最大可达 6 000 m），导致了储层内较高的含气量[40,54-55]。此外黏土与其余矿物成分在空间上的组合变化影响储层的孔（裂）隙系统，页岩内富黏土矿物的泥质-富脆性矿物的粉砂质纹层的交替发育可改善局部的渗透性，为力学薄弱部位，易在外力作用下形成天然开启裂缝[56-57]。但研究区内龙马溪组下部高 TOC 层段硅质含量较高，因而关于两种无机物质成分对孔隙发育程度的影响存在较大争议，有学者认为黏土矿物对孔隙发育有利而硅质组分与孔隙发育相关性不明显或为不利因素[37,58]，也有学者持相反意见[59]。

研究区内龙马溪组页岩整体上沉积-物源条件相仿，在最大埋深前沉积埋藏史相似性较

高,燕山中后期的差异抬升为影响现今页岩含气量及产能的关键[60],燕山中后期研究区内自南东向北西区渐次抬升,齐岳山断裂东南侧以张性构造为主[61-62],整体上研究区东南部龙马溪组含气性较差。黔北地区龙马溪组抬升作用更加明显,背斜轴部普遍剥蚀殆尽,现今含气量整体偏低[63-64]。研究区及周缘主要钻孔含气性及产能如表1-1所示。

表 1-1　研究区及周缘主要钻孔含气特征

钻孔	含气量 /(m³/t)	目的层深度 /m	产能 /(10⁴ m³/d)	压力 系数	孔隙体积 /(mL/g)	表面积 /(m²/g)
JY1[65]	8.8~1.5	2 300~2 400	20	1.5	0.017	14.83
PY1[66]	4.3~2.0	2 160	2.5	0.96	0.011	25.9
LY1[60,67]	1.0~3.2	2 820	4.5~6.0	1.08	—	—
NY1[66]	—	4 411		1.35	0.015	—
YY1[42,68]	—	325		—	0.006	6.64
TY1[69]	0.048~0.35	447		—	—	—
DY1[63]	1.84~2.69	550~600		—	0.005	14.27
AY1[70]	1.63	2 311~2 331		—	0.005	14.83
XY1[71]	0.055~3.061	443~650		—	0.009	16.787
QY1[72]	0.066~2.811	730~800		—	0.017	12.44
QQ1[73]	0.64~1.63	784~796		—	0.008	—
YQ1[74]	0.06~1.52	1 085~1 166		—	—	16.51
YC4[75]	1.17	645~762		1.3	—	—
YC6[76]	0.1	699~781		1.0	—	—

研究区北部焦石坝地区生产井普遍超压,超压气井往往具有较高的含气量以及产能,而研究区内 PY1 井为常压生产井,产量 2.5×10^4 m³/d,产能同样较高[66,77]。与超压情况相比,龙马溪组常压页岩气藏分布也更为广泛,研究认为常压气藏受构造影响明显,在残留向斜内的常压气藏更具有勘探前景[78]。压力导致岩石的压缩,对孔隙的保持起到负作用;而高压下孔隙内气相密度增加,其对气体成藏的影响机制较为复杂。

1.2.3　页岩吸附与模拟

（1）吸附基本原理

吸附是指一种或多种组分在相界面处对流体相的富集,若从能量角度考察,相界面处的表面能量势阱大于分子的热扰动程度($k_B T$,k_B 为玻尔兹曼常数,T 为温度)时,该表面即可作为吸附剂使流体在表面处富集(图1-1)。

IUPAC 将常见等温吸附线及吸附迴线类型归纳为 6 类[30](图1-2):① Ⅰ型为微孔吸附,其中Ⅰa型表明样品内微孔较小,Ⅰb型表明固体孔径分布范围较宽甚至有部分中孔。② Ⅱ型为常见的吸附曲线类型,为浸润表面的气体在无孔或孔径较大的固体表面的多层吸附。③ Ⅲ型曲线同样不包含迴线,固体特征亦与Ⅱ型相同,但为不浸润表面的气体的吸附

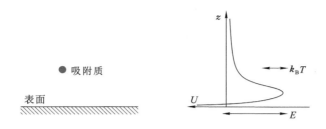

图 1-1 吸附中表面能量与流体能量示意图[79]

结果。④ Ⅳ型表征了含介孔固体吸附线特征,当孔径超过一定的临界值后将出现迥线,即Ⅳa,孔径较小时则无迥线(Ⅳb),此外与Ⅱ型不同的是Ⅳ型吸附线接近饱和压力时有明显的平台。⑤ Ⅴ型为不浸润表面的气体在中孔固体表面的吸附。⑥ Ⅵ型为阶梯形的可逆吸附曲线,为气体在均一、无孔隙表面的成层吸附。

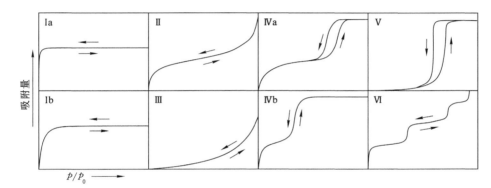

图 1-2 等温吸附线类型

吸附相关研究兴起于 20 世纪 20 年代,早期最为经典的吸附模型为朗缪尔方程,其假设吸附剂为平整均一表面、吸附质分子间无相互作用力,因而被用于描述单分子层吸附,即Ⅰ型吸附曲线。朗缪尔方程可表示为

$$\theta = \frac{bp}{1+bp} \tag{1-1}$$

式中,θ 为表面覆盖度;p 为压力;b 为表面强度(affinity),由下式计算

$$b(T) = \frac{\alpha \exp(Q/R_g T)}{k_{d\infty} \sqrt{2\pi M R_g T}} \tag{1-2}$$

式中,α 为流体的黏附系数;Q 为吸附热;R_g 为通用气体常数;M 为气体摩尔质量;$k_{d\infty}$ 为温度趋近于无穷大时气体解吸速率。可见当吸附系统固定时,b 为温度的函数。

另一能描述Ⅰ型等温曲线的方程为 Dubinin-Radushkevich(DR)方程

$$C_\mu = \frac{W_0}{V_M} \exp\left[-\left(\frac{A}{\beta E_0}\right)^2\right] \tag{1-3}$$

式中,$A = RT\ln(p_0/p)$,p_0 为饱和蒸气压;W_0 为微孔体积,V_M 为流体的摩尔体积,E_0 为参

考流体在表面的能量，β 为相似性系数。Astakhov 对 DR 方程进行了改进，改进后公式如下

$$C_\mu = \frac{W_0}{V_M} \exp\left[-\left(\frac{A}{\beta E_0}\right)^n\right] \tag{1-4}$$

即 DA 方程，指数 n 表征表面亲和性。DR 与 DA 方程假设条件为流体在微孔内受孔壁影响显著，在微孔内以填充的方式吸附于表面，该公式应用于亚临界条件下的微孔表征，但在低压阶段违反亨利定律（$C_\mu = K\rho_G$，其中，C_μ 为吸附量，ρ_G 为气相浓度，K 为亨利常数）。

若气体分子在已经形成的吸附层上形成多层吸附，即把第一吸附层视作表面并在其上吸附时，除第一层的吸附表面为吸附剂外，其余层均为流体吸附层，则各吸附层平衡条件为

$$a_i \theta_{i-1} p = b_i \theta_i \exp(-E_i/R_g T) \tag{1-5}$$

式中，i 为吸附层；a_i、b_i 为第 i 吸附层的吸附/解吸速率；θ_i 为第 i 层覆盖度；E_i 为吸附热。对于第二层及更高层而言，由于吸附发生在流体形成的表面之上，吸附热等于凝聚热 E_L，且吸附与解吸速率恒定，令其比值为 g，则各层覆盖度为

$$
\begin{aligned}
\theta_1 &= \frac{a_1}{b_1} p \exp\left(\frac{-E_1}{R_g T}\right)\theta_0 = xC\theta_0 \\
\theta_2 &= \frac{a_2}{b_2} p \exp\left(\frac{-E_L}{R_g T}\right)\theta_1 = x\theta_1 = x^2 C\theta_0 \\
&\vdots \\
\theta_i &= \frac{a_i}{b_i} p \exp\left(\frac{-E_L}{R_g T}\right)\theta_1 = x\theta_{i-1} = x^i C\theta_0
\end{aligned}
\tag{1-6}
$$

式中，$C = \frac{a_1}{b_1} g \exp[(E_1 - E_L)/R_g T]$，$x = \frac{p}{g} \exp(E_L/R_g T)$，$n$ 层吸附层所占面积加和为总面积，即

$$\sum_{i=0}^{n} \theta_i = \theta_0 \left(1 + C\sum_{i=1}^{n} x^i\right) = 1 \tag{1-7}$$

而吸附层 n 与吸附量 V 的关系为

$$V = V_m \sum_{i=0}^{n} i\theta_i = V_m C\theta_0 \sum_{i=1}^{n} ix^i \tag{1-8}$$

式中，V_m 为单层饱和吸附量，整理后得出公式

$$\frac{V}{V_m} = \frac{Cx}{(1-x)(1-x+Cx)} \tag{1-9}$$

由于公式假设吸附层可无限增长，在无限远处（$x=1$）气相压力 p 与饱和蒸气压相同，即 $p = p_0$，公式可整理为

$$\frac{V}{V_m} = \frac{Cp}{(p_0 - p)[1 + (C-1)(p/p_0)]} \tag{1-10}$$

该公式即为 BET 方程，用于描述多层吸附，常用于描述 II 型等温吸附线。其中 C 为表征固体吸附亲和力的变量。

以上模型均为基于亚临界条件下的吸附模型，考察吸附自身定义，即吸附为系统内流体相对于自由态流体的过剩，亚临界条件下气相密度较小而往往被忽略，而超临界条件下气相密度较大，因而在超临界条件下过剩吸附量（n_{ex}）为

$$n_{\text{ex}} = n_{\text{total}} - \rho_{\text{g}} V_{\text{free}} \tag{1-11}$$

式中,n_{total}为系统内物质的量;ρ_{g}为气相流体密度;V_{free}为系统内流体可侵入体积。超临界条件下由于气相密度不可忽略,因而对V_{free}的标定尤为重要。在实验中往往使用 He 孔隙标定获得,但由于氦气实际上也有少量吸附而引起误差[80],所以实验中难以实测的参数而可以通过模拟解决。

（2）页岩中黏土/有机质模拟

在分子模拟中常用的模拟类型主要包括蒙特卡罗（Monte Carlo,MC）,以及分子动力学（molecular dynamics,MD）。MC 模拟更倾向于探讨平衡状态下的系统特征,而 MD 可以更详细地分析各构型的时效特征,以及与时间相关的动力学特征。相较于 MC,MD 的缺点在于计算耗时较长,模拟的时间跨度一般在 ps/ns 级;MC 所得到的结果虽为静态,但相对简单快捷,且考察的地质系统在长时间演化过程中已处于平衡态,因而静态的 MC 模拟可以满足研究需要。

对于成对的分子间作用势能（VdW 势能）可由 LJ-12-6 势能公式计算:

$$\varphi_{i,j}^{a,b} = 4\varepsilon^{a,b}\left[\left(\frac{\sigma_{i,j}^{a,b}}{r_{i,j}^{a,b}}\right)^{12} - \left(\frac{\sigma_{i,j}^{a,b}}{r_{i,j}^{a,b}}\right)^{6}\right]$$

式中,a、b代表参与计算的两个分子,i、j分别为两个分子的势能点位,ε、σ为参与计算的点位势阱与直径;r为两个点位间的距离。对于携带电荷的结构,其静电势能可由库仑公式计算。因此在建立模型时,需确定各原子的位置,及各原子的直径、势阱及电荷分布。

页岩中主要成分包括黏土与石英、长石类物质,及少量有机质。黏土由于其较大的表面积可作为主要吸附介质,因而在页岩气研究中受到重视,对其结构特征研究程度也较高。其中蒙脱石在吸附模拟中应用较多,最为常用的 Wyoming 蒙脱石结构由 Lee 和 Guggenheim 提出[81],其中硅氧四面体层（T）厚 2.22 Å（1 Å＝0.1 nm）,铝氧八面体层（O）厚 2.12 Å,结构总厚 6.56 Å,TOT 层间距实验值为 2.76 Å,在文献报道中处于相对较低的水平（3 Å 左右）。除 Wyoming 蒙脱石外,常用的还有 pyrophyllite-1Tc（叶蜡石）[82]、高岭石[83-85]等。

模拟中关键参数的选取较为多变。以 Skipper 等[86-89]研究为主的早期蒙脱石吸附模拟参数是基于水的 MCY 作用势能参数提出的,其中水分子被视为刚性分子;电荷分布上,各个原子携带点电荷,发生置换时,电荷的分配遵循如下规则:① 铝氧八面体内,中心电荷 $2e^+$ 替换 $3e^+$;② 硅氧四面体内,中心电荷由 $1.2e^+$ 替换为 $0.2e^+$。具体参数随着研究程度的增加有所改进,但在电荷的分配上仍较为武断。Cygan 等[90]使用从头计算的方法,针对黏土相关的模拟重新计算了电荷分布,提出 ClayFF 势能模型,模拟结果较好并被广泛使用[91-94]。ClayFF 势能同样使用 LJ-12-6 公式计算 VdW 势能,电荷同样使用点电荷,但针对不同置换条件中心原子电荷不同,受置换影响的相邻原子电荷也发生相应变化;另一主要改进为考虑分子间的键能。除这两套相对常见的黏土模拟势能参数外,也有少量使用 UFF 等[95]。

石墨由于其单位重量内较大的吸附量被广泛应用于工业生产及生活中,相应地对其结构研究程度较高。作为有机质最终的演化产物,石墨经常被视为有机质的替代物参与模拟计算[96-97]。石墨平面上碳分子呈六元环结构排布,层间距约为 0.335 nm[98-99]。由于表面原子密度较高(38.2 个/nm²),模拟中经常忽略表面原子结构而将其视为均一光滑的无限石墨,其计算可基于 LJ-12-6 势能公式推导,公式及参数由 Crowell 和 Steele 建立[100-101]。随后更多复杂的结构作用势能被推导,如单向无限的单层石墨结构 Bojan Steele[102],有限的单层石墨层 Patch Layer 等[103]。

干酪根为非晶质,结构较为复杂,对其煤中有机质组分研究程度较高,Mathews 等[104]总结了 2012 年以前煤中各组分的代表性结构,得出总体上随成熟度的增加干酪根结构芳香化程度升高,并伴随小分子挥发分析出的结论。Mathews 等也指出,随着计算机辅助技术的进步,建立精细的干酪根结构并非难事,随后也有众多学者提出了大量煤与页岩中有机质结构[105],但演化趋势大体一致[106-107]。由于干酪根结构的不均一性,模拟中多将干酪根结构视为不可移动的刚性大分子,计算单个分子与流体的成对能量,累加后获得固体对流体的作用势能。但干酪根多为复杂的块状结构,计算量大且难以到达平衡,同时孔隙/表面结构不规则难以获得趋势明显的特征曲线。以干酪根为吸附质的模拟中,除了以无规则结构作为基质直接吸附流体外,也可人为改造干酪根结构以获得形状较为规则的表面或孔隙[108-109],即使用一定结构的假想分子插入块状干酪根结构中,落入假想分子范围内的干酪根分子被移动或移除以获得较为规则的孔隙空间,进而研究流体的吸附效应。

(3)吸附特征分析

LJ-12-6 势能公式是描述 0 K 时成对分子的相互作用势能,0 K 时成对分子间距离无穷远时相互作用势能为 0,相互靠近时进入引力作用范围,相互作用势能最大时分子间距离为 $2^{1/2}\sigma$(σ 为分子直径),势能为 0 时分子间距离为 σ,距离继续缩小则进入斥力作用范围。随着温度升高,分子热运动加剧而难以遵循势能分布,因而低温条件下更能反映流体在固体表面的吸附方式。低温条件下(<临界温度)包括甲烷在内的简单流体在石墨表面可形成密度较大的稳定吸附层[110-112],随着温度的升高吸附起始压力升高,吸附曲线趋于圆滑[113-114]。在储层高温高压条件下,甲烷已经处于超临界状态($T_c = 190$ K),超临界条件下的吸附必须考虑气相对系统的干扰。吉布斯分割面(Gibbs dividing surface,GDS)是一个假想的无厚度平面,为分割吸附相与游离相的平面,游离气相的分布范围为吉布斯分割面以外的体积,由表面过剩量的定义可知,获得精确的表面过剩量关键在于准确的系统自由体积,在模拟中系统的自由体积即为流体的可侵入体积[115],是一个随固体及流体结构而变化的量。通过 Monte Carlo Integration(MCI)可以较为便捷地计算获得系统可侵入体积[116],将固体-流体作用势能(USF)小于 0 的范围视为可侵入空间,即

$$V_{Acc} = \frac{N_{Success}}{N_{Insert}} \times V_{Box} \tag{1-12}$$

式中,N_{Insert} 为在系统内随机插入的次数;$N_{Success}$ 为随机插入位置内 USF<0 的点数;V_{Box} 为系统的理论体积。该式适用上述定义下的可侵入空间体积,对于正吸附系统,表面过剩量 n_{ex} 不会出现小于 0 的情况。但该方法相对较为粗略,仅适用于结构较为简单的系统,如开放平面、平行板孔等。对于较为复杂的结构,可侵入空间定义仍为 USF<0 的空间,但在取样上与 MCI 相比更为复杂,即将系统划分为若干网格,计算每个网格顶点的势能,当一个网

格顶点能量同时包含 USF 大于及小于 0 时,认为该网格内包含可侵入空间边界(图 1-3),然后不断细化网格以达到要求精度($<10^{-2}\sigma$,σ 为探针分子直径),网格顶点势能均小于 0 的网格为可侵入空间[117]。前述方法均将可侵入空间视为静态,但可侵入空间也可随温度[118]或者流体的量[119-120]而变化。

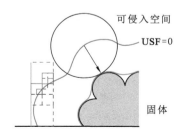

图 1-3 可侵入空间及网格化计算可侵入空间示意

吸附相的下边界为流体可侵入体积下界,而上界则为流体成功进入系统的概率为 0.5 处[121],该处吸附与解吸的速率平衡,即吉布斯分割面所在位置。超临界状态下,低压阶段吸附相上界随吸附量的增加而远离表面,而后随压力的增加反而向表面靠近,吸附层厚度约为 1 个分子直径,界面以内的吸附量为绝对吸附量(图 1-4),并且在高压下(30 MPa 附近)达到极限。但实际操作中使用绝对吸附量表征样品吸附量明显不够实用,原因在于页岩吸附相上下限均难以确定。此外也有少量使用净吸附量[122],但净吸附量将固体体积也考虑在内,因此文献中仍然使用表面过剩吸附量(简称过剩量)为主。

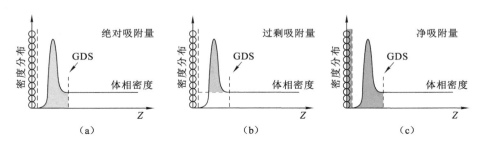

图 1-4 不同吸附量定义

实验测试值实际为系统内流体总量,然后通过计算可获得表面过剩量。低温时气相密度与表面吸附相相比可以忽略,即 $n_{ex} \approx n_{total}$。超临界状态下,低压阶段气体可近似视为理想气体,吸附曲线遵循亨利定律,随压力增高,气相密度不断增加,过剩量增速减缓,系统内密度与气相密度增速相同时,表面过剩量达到最大值,压力继续升高时过剩量下降,即出现倒吸附现象。在实测中,另一导致出现倒吸附现象的原因在于流体可侵入体积的测定。在实测中往往使用 He 测试样品孔隙(Helium expansion),由于 He 分子质量较小,从而忽略He 在固体表面的吸附。但对于多孔固体 He 仍可形成相当的吸附,从而导致实测 V_{Acc} 大于实际 V_{Acc},形成了明显的倒吸附现象[115,123-125]。升高温度可有效降低 He 在表面的吸附,缩小实验误差。

由于倒吸附现象的存在,在资源评估中往往造成资源量的低估。校正中,可以将虚拟液态密度作为吸附相密度的近似值,其介于 0.162～0.425 g/mL 之间[126],或通过下降阶段的斜率反推[127],获得饱和后的吸附量,其适用范围仅限于高压阶段。通过升高 He 孔隙标定时的温度可以缩小误差[124-125],Rouquerol 等[120]总结了几种吉布斯分割面的定义,并提出了随吸附量变化的可吸附体积的校正方法,但过程较为精细,在实际操作中应用效果较差。最为精确的是使用模拟方法获得固定结构的可侵入空间[128-129],难点在于切合实际页岩结构。

超临界甲烷在石墨表面的吸附研究较为透彻,从实验及模拟角度均表明超临界状态下甲烷在石墨表面为单层的物理吸附[130-133];随着大量干酪根结构的提出,在干酪根表面的吸附实验及模拟也均表明超临界条件下甲烷的吸附为物理吸附,吸附曲线可用 Langmuir 或者 DA/DR 公式及其衍生公式描述[97,119,134-138]。与石墨相比,干酪根结构具有更强的非均质性,甲烷的吸附也具有更强的选择性,即优先选择强吸附点位及小孔,随后向弱吸附位扩展[119,136]。有机质较强的吸附能力在于强吸附点位可形成较大的比表面积,实验上表现为较高的吸附热[135,139],不同的有机质类型吸附能力略有差异;有研究认为官能团具有较强的势能参数,可有效地吸附甲烷[140-141]。而随着成熟度的增加,有机质的吸附能力呈现先升后降的趋势,即存在拐点,但对拐点范围尚未形成统一认识,范围大概在生气窗初始阶段($R_o=1.2\%$)至过成熟阶段($R_o=4.0\%$)[38,45,119],但也有研究认为过成熟阶段有机质仍具有较高的吸附能力[142]。对甲烷在页岩中各纯相无机组分的吸附也有研究[143-144],其吸附同样为可用 DA 或 Langmuir 等模型描述的物理吸附。

几种页岩组分中,有机质对甲烷吸附能力最强,次之为黏土,最弱为石英[97],纯黏土中又以蒙脱石的吸附能力最强,原因在于蒙脱石具有较大的比表面积[143-144]。甲烷在页岩中的吸附则为干酪根、黏土及石英的综合,具有较大的吸附量、吸附热变化范围[45,145-146],但整体上仍处于物理吸附的范畴,黏土矿物对岩石中吸附量的贡献可达 40%[137]。

除吸附质类型外,孔隙结构对甲烷的吸附也有影响。由于以石墨为基质的材料其孔隙结构易于精准控制,因而孔隙结构对超临界甲烷吸附的影响研究以石墨为基质的较多[132,147],以改造的石墨、干酪根、黏土矿物为基质的研究也有所涉及[109,143,148-149]。超临界状态下,使用 DA/DR、Langmuir 公式均可以描述实验曲线。孔隙结构复杂的页岩样品内,甲烷的吸附能力与页岩中微孔的发育关系紧密[150-151]。由于高温下流体没有液化、凝聚等行为,流体状态对孔隙结构的响应较弱,但总体上小孔内有更高的流体密度。

形变是另一个吸附效应的研究点。形变是在流体、固体结构及外部压力控制下的综合结果,吸附既能引发孔隙膨胀也能导致孔隙收缩,以石墨为例,当孔隙较小无法排布两层分子时,流体吸引固体导致孔隙收缩,而孔隙较大时流体对孔壁的压力导致孔隙膨胀[152-153]。微观上吸附诱发形变的原因在于流体-固体系统的调整以寻求紧密排列;而宏观能量角度上,吸附导致系统表面能量降低,而膨胀可增加系统表面能。超临界范围内,对煤的吸附膨胀效应研究较为全面[154-156],可引发膨胀的流体较多,包括水、甲烷、二氧化碳等,其中二氧化碳诱发的形变量明显大于甲烷;同时煤的形变具有明显的不均一性,吸附过程中平行割理的方向具有更高的膨胀率,吸附放热也会促进膨胀[157]。对页岩及其组分的形变效应也有大量实验研究,其结果与煤大体相符,对纯黏土矿物的实验表明形变量随吸附量线性增加[144,158-159]。由于干酪根结构的复杂性,模拟中计算量过大,关于干酪根吸附膨胀的研究相对较少[160]。

前述的形变行为均以孔隙内为主,黏土矿物内由于其特殊的层状结构,层间孔隙也具有较强的形变能力。常见的四种黏土矿物中,蒙脱石具有较强的膨胀性,而伊利石、绿泥石、高岭石被认为是不可发生层间膨胀的黏土矿物,因而对蒙脱石的膨胀性及原因有大量的实验及模拟分析。蒙脱石的层间膨胀实验在 20 世纪就已有充分的实验,其膨胀呈阶梯状,对应的是水分子在层间的分层排布[161-162]。在 Skipper 等[86-88]、Cygan 等[90]完善了黏土势能参数,同时计算机性能大幅提高后,越来越多的学者参与了关于黏土等复杂结构的形变特征研究。蒙脱石膨胀能力受层间阳离子影响,其中层间阳离子为 Ca^{2+}、Na^+ 时膨胀能力较强[95],其余常见层间阳离子对膨胀的影响为 $K^+ > Cs^+ > Mg^{2+}$,受层间阳离子形成的水合物中阳离子与 OH^- 间结合力强度影响,强度越大的膨胀能力越大[95,163-164]。以 Na^+ 为层间阳离子的黏土模拟研究最为丰富,常压条件下其层间距可膨胀至 0.6 nm 左右[90],与实验相符。黏土膨胀是由层间水合物的形成引起的,水分子进入黏土层间后,优先吸附于 Na^+ 离子附近,水分子中 H 原子朝向 $Na-H_2O$ 结构外侧[94,165],随后填充于体系剩余空间。随压力的增加,吸附膨胀的蒙脱石呈现脱水现象,但对于水分子含量固定的封闭系统,压力增加反而引发膨胀[93,165]。水除引发膨胀外,在有水分子存在的黏土层间系统内,高压条件下(>10 atm)以及相对较高的温度时(300 K)甲烷仍可与水分子形成甲烷水合物[94,166],其结构与纯相的甲烷水合物有所差别,但其中甲烷含量相对较低,每个晶胞中的甲烷分子大于 0.5 个时水分子形成的框架就会被破坏。此外对于以黏土为基质的二氧化碳、甲烷的竞争吸附也有大量模拟与实验研究,但不在本书讨论范围内。

1.3 存在问题

通过阅读国内外文献,前人对龙马溪组富有机质页岩的沉积-成藏过程、有机/石墨结构以及黏土的甲烷吸附特征等已有较好的研究基础,甲烷吸附性能的研究对于页岩气资源评价、勘探开发有着重要的促进意义。但页岩组分、结构复杂,吸附为温压条件,页岩自身结构等多种影响因素综合控制的反应,实验中对单一变量的控制难度较大;同时对超临界条件下甲烷吸附的动态性认识不足,导致对资源量评估的误差,因此仍存在一些问题需要进一步完善。

(1)富有机质页岩中有机、无机组分吸附能力的探讨中过于强调固体吸附的"容量",而忽略固体的表面特征。

固体的吸附能力主要包括两方面,即固体对流体的亲和力(affinity),以及单位固体对流体的容量(capacity),研究中往往过多地强调容量而忽略亲和力。现阶段研究表面有机组分为有利的吸附载体,原因在于有机质往往形成较大的比表面积,且有机质的吸附能力较强;但黏土矿物对富有机质页岩吸附能力的影响仍存在争议,几种常见黏土矿物中,不论是吸附实验还是模拟中均表明蒙脱石具有较强的吸附能力,其吸附量可为较弱的绿泥石的

3～6倍,其原因为蒙脱石具有较大的比表面积。可见表面积为影响吸附的关键因素,但在讨论页岩吸附能力时往往脱离表面积而以单位岩石为基准,即忽略了表面的特征。吸附为表面现象,因此以面积为基准单位更有利于分析物质成分对甲烷的吸附亲和力,以此为基础再讨论结构的吸附容量、吸附的控制作用及影响因素更加合理。

(2)对吸附过程、吸附机理随外界条件(温度、压力)以及固体特征(表面能量、孔隙结构)的动态变化认识不足。

吸附为一个动态过程,基础的理论大多从平衡状态入手推导,对吸附过程的理解上有一个静态的误导,即流体在吸附中依据固体-流体势能在表面选择性吸附。而超临界条件下流体动能较大,流体间的相互作用势必影响流体在固体表面的吸附,同时影响吸附相内流体的密度变化。同样的,由于吸附的动态性,其吸附热也为一个随吸附量变化的过程,而关于页岩、干酪根研究的文献中存在大量使用初始吸附热、等压吸附热(isobaric heat)代替等量吸附热(isosteric heat)吸附效应的做法,更误导了对吸附过程动态性的理解。

(3)过剩吸附量的校正方法忽略了页岩孔隙结构特征,并忽略了吸附膨胀对系统的影响。

由于吸附量是影响页岩气资源评估的重要参数,对于过剩吸附量的实验误差校正是必不可少的,而倒吸附现象往往导致资源量的低估。综述中已经提到气体可侵入体积的标定是影响实验结果的主要原因,在实验中是无法规避的误差。若对吸附相密度取近似值对过剩量进行校正,首先存在的问题是难以定义准确的吸附相范围,其次为近似值的准确度;若依据吸附曲线反推吸附量则忽略了吸附的动态性,以及结构对吸附的影响。此外膨胀是吸附过程中常见的现象,通过实验观察到的甲烷的吸附膨胀是最终的效应,但膨胀时孔隙空间的膨胀是否影响吸附质基质结构、膨胀是否有极限、膨胀对系统能量上的改造有待分析。

(4)页岩的赋存能力/含气量的动态变化趋势分析缺乏系统性、动态性。

由于对甲烷超临界吸附的动态性认识的不足,在评估页岩对甲烷的吸附能力时往往忽略了温度、结构的影响。较为简便的为使用 DA/DR、Langmuir 以及衍生模型计算的理论吸附曲线,但在应用中需注意的是拟合的吸附曲线应为绝对吸附量,否则在高压阶段曲线形态与拟合模型不符;同时针对储层下多变的温度条件,该方法只对单一温度有效,因而局限性明显。在分析埋藏演化过程中,温度为不可忽略的环境变量,因而有必要考虑温度的影响以避免对资源量评估的误差。

1.4　研究内容

基于对页岩中甲烷吸附机理与效应的调研,针对其中存在的关键问题,结合龙马溪组物质成分与孔隙特征,本书主要从以下几个方面展开系统研究:

(1)有机/无机单组分、复合结构超临界条件下吸附特征研究。

分别针对页岩中对甲烷吸附能力较强的组分,即无机组分的黏土矿物与有机组分,对比低温条件,研究其对甲烷的吸附特征行为,包括系统能量、吸附热、密度分布等随压力及温度的动态变化过程,获得不同表面结构的理论吸附曲线;模拟分析单一组分以及复合系统在不同孔隙条件下对甲烷的吸附特征,控制变量以分析表面强度、孔隙结构对过剩吸附量的影响。

（2）基于孔隙结构的过剩吸附量校正方法研究。

通过模拟手段重现实验中出现倒吸附现象的过程,针对导致该现象的因素,通过模拟分别获得实验中所得表观变量以及真实流体在同样系统内的理论变量,依据二者随压力、固体结构的变化趋势,建立依据页岩孔隙结构的校正方法。

（3）吸附形变效应及其随压力的动态演化特征。

实验中吸附会诱导吸附质的形变,为探讨形变对吸附结果的影响,通过模拟方法分别研究有机组分与无机黏土随压力的形变程度及影响因素,并分析形变对过剩吸附量、系统能量的影响。

（4）渝东南地区龙马溪组页岩对吸附/游离气在地史演化中的赋存能力,及现今保存条件下的含气性特征。

基于模拟结果,结合目标地层孔隙结构随成熟度、埋藏史、地层压力的动态演化过程,估算地质历史时期内页岩储层对气体赋存能力的变化,分析页岩气成藏的关键阶段;结合研究区内龙马溪组页岩孔隙结构特征,剖析常压储层内气体过剩吸附量、游离气量的埋深演化以及温度变化、压力系数对含气量的影响,探讨现今地层条件下页岩的含气性特征与关键影响因素。

1.5　创新点

（1）从表面结构角度分析了导致吸附亲和力差异的内在机理,揭示了超临界条件下甲烷在黏土表面的动态吸附过程。超临界条件下由于流体动能较大,已非成层吸附,表面过剩量由保存在固体表面<0.5 nm范围内的流体贡献,不同表面对甲烷的过剩量差异影响有限,最大过剩量均小于低温下单层吸附量极限 $10.99\ \mu mol/m^2$。

（2）以模拟手段重现了页岩等温吸附实验中的倒吸附现象,依据倒吸附成因建立了基于页岩孔隙分布的表面过剩量校正方法。页岩孔隙结构与表面结构特征对实验结果影响明显,微孔结构内两侧孔壁对流体作用势能叠加,或表面结构对流体亲和力更强时,由于固体-流体作用势能更强而倒吸附现象更为明显,校正后结果与模拟值吻合程度较高。

（3）超临界条件下甲烷的吸附可诱发孔隙膨胀,孔隙膨胀的趋势与系统结构的可变性关系密切。膨胀的动力来源于吸附过程中流体的压力,形变趋势则与孔壁的可动性设定有关,在高压阶段,刚性结构内形变量随压力升高而线性增加,柔性结构膨胀幅度随压力增加至极限后而逐渐降低。

（4）龙马溪组页岩储层的赋存能力受孔隙结构与埋深综合控制,其中埋深对赋存能力的影响更为明显。深埋导致过剩吸附量降低,但游离态密度的增加可补充过剩量的降低,从而在深埋条件下保持了较高的赋存能力。生产实践中超压含气系统往往具有较高的含气量,吸附形变引发的孔隙膨胀有助于提高超压页岩系统内甲烷赋存能力。

2 地质背景与研究方法

2.1 地质概况

2.1.1 沉积-构造背景

研究区位于中上扬子盆地东南部,中上扬子盆地是我国大型的含油气叠合盆地,盆地沉积盖层发育齐全,其中上震旦统到中三叠统为海相沉积,具有多旋回、多层系、多烃源层、多产层、油气多期成藏的特点[167](图 2-1)。中上扬子盆地经历了加里东（Z_2-D_1）海相被动大陆边缘和克拉通盆地阶段、海西-印支旋回（D_2-T）克拉通-裂谷盆地-边缘海盆地阶段、燕山旋回同造山期前陆盆地阶段（J）、中燕山（J_3-K_2）阶段、晚燕山-早喜马拉雅（K_2-E）阶段、晚喜马拉雅（N-Q）差异升降阶段等六个阶段[168-170]。

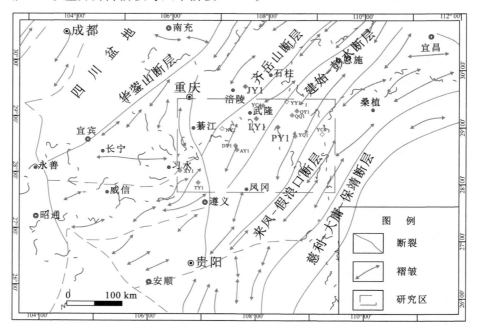

图 2-1 中上扬子地区大地构造纲要图[171]

研究区地层出露较为齐全,除泥盆-石炭纪以外的古生代-新生代地层发育较为完全,自晚三叠世、中新生代以来为陆相沉积,之前主要为海相沉积。本次研究主要集中于渝东南地区下志留统(S_1)龙马溪组,书中以陈旭等[172]提出的生物组合带为基准(表2-1)讨论龙马溪组的生物特征。

其中生物组合带编号如下:

LM9/NJ1 *Spirograptus guerichi*(格里奇螺旋笔石)带

LM8 *Stimulograptus sedgwickii*(赛氏具刺石)带

LM7 *Lituigraptus convolutus*(盘旋喇叭笔石)带

LM6 *Demirastrites triangulatus*(三角半耙笔石)带

LM5 *Coronograptus cyphus*(曲背冠笔石)带

LM4 *Cystograptus vesiculosus*(轴囊囊笔石)带

LM3 *Parakidograptus acuminatus*(尖削拟尖笔石)带

LM2 *Akidograptus acscensus*(向上尖笔石)带

LM1 *Persculptograptus persculptus*(雕刻雕笔石)带

WF4 *Normalograptus extrodinarius*(异形正常笔石)带

WF3 *Paraorthograptus pacificus*(太平拟直笔石)带

WF2 *Dicellograptus complexus*(复杂叉笔石)带

WF1 *Dicellograptus complanatus*(扁平叉笔石)带

渝东南地区目标层龙马溪组分上、下两部分:下部为黑色笔石页岩,含大量笔石,厚30～40 m;上部为灰、灰黄或黄绿色页岩夹粉砂岩或泥灰岩,含少量笔石。最底部为 *P. perscuptus* 带,与下伏的上奥陶统观音桥组呈整合-假整合接触,向上 *A. acscensus* 带至 *Pr. cyphus* 带均为鲁丹阶沉积;上部 *D. triangulatus* 带进入埃隆阶,最高笔石带为 *S. sedgwickii* 带,与上覆石牛栏组及相当层位呈整合接触,厚约160～250 m。研究区沉积相演化如下。

(1)鲁丹阶

五峰组沉积晚期,受冰川活动影响导致海平面下降,赫南特阶生物群指示水体深度约为60～80 m[179-180],研究区南部靠近黔中隆起、东缘靠近宜昌水下隆起地区受到影响,导致沉积间断。进入龙马溪组沉积期,即赫南特阶末期,冈瓦纳冰盖开始消融,全球海平面快速上升,海盆主体水体深度再次达到观音桥层沉积前的水平(约200～400 m)[180],滞留还原环境下[181-182]形成了龙马溪组底部普遍存在的高有机质含量黑色页岩,岩石结构简单,以块状结构为主。研究区东缘水下隆起快速缩小,至鲁丹阶末已全部沉入水下[183](图2-2),而南缘黔中隆起在海平面相对上升的背景下持续向北扩张,形成了展布范围较大的砂质牛场组沉积,向南龙马溪组大多缺失下部层位,并发育风化壳且粉砂质含量较高。由黔中隆起向北水体渐次加深,龙马溪组以黑色页岩为主,厚度逐渐增加,海盆中央转变为深水陆棚环境,形成的页岩多为碳质-硅质页岩,笔石化石丰度大且平行层面大量堆积,指示静水的沉积环境。鲁丹阶后期,黔中古陆隆升幅度有所放缓,加之海平面的持续上升,海岸线向南扩张。

表2-1 中上扬子地区地层格架与笔石带划分对比[173-178]

阶	生物组合带	地层格架	湖北三峡（汪啸风，1987）	陕南宁强（陈旭，1990）	重庆綦江（金淳泰，1982）	贵州桐梓（陈旭，1978）	重庆城口（葛梅钰，1990）	四川兴文（樊隽轩，2013）	四川长宁（穆恩之，1983）
特列奇阶	LM9/N51	龙马溪组	*Monoclimacis arcuata*	*Streptograptus nodifer*	*Monograptus atucata*		*Rastrites maximus* / *Petalolithus folium*		*Retioclimacis typica – Pristiograptus variabilis*
特列奇阶	LM8	龙马溪组	*Stimulograptus sedgwickii*	*Monograptus sedgwickii*	*Monograptus sedgwickii*			*Stimulograptus sedgwickii*	*Monograptus sedgwickii*
埃隆阶	LM7	龙马溪组	*Lituigraptus convolutus*	*Demirastrites convolutus*	*Oktavites communis*	*Oktavites communis*	*Pristiograptus leptotheca*	*Lituigraptus convolutus*	*Petalolithus palmeus* / *Cephalograptus tubulariformis*
埃隆阶	LM6	龙马溪组	*Monogr. aregenteus* / *Neo. magnus* – *Neo. thuringiacus* ; *Demirastrites triangulatus*	?	*Demirastrites triangulatus*	*Demirastrites triangulatus* / *Demirastrites triangulatus* （*Coronogr. gregarius*）		*Demirastrites triangulatus*	
鲁丹阶	LM5	龙马溪组	*Coronograptus cyphus* ; *Huttagraptus acinaces*	*Coronograptus cyphus – Monoclimacis lunata*	*Pristiograptus cyphus – Pr. leei*	*Pristiogr. cyphus – Momoclimacis lunata*	*Pristiograptus leei*	*Coronograptus cyphus*	*Pristrograptus gregarius*
鲁丹阶	LM4	龙马溪组	*Cystograptus vesiculosus*	?	*Orthograptus vesiculosus*	*Orthograptus vesiculosus*	*Orthograptus vesiculosus*	*Cystograptus vesiculosus*	*Orthograptus vesiculosus*
鲁丹阶	LM3	龙马溪组	*Parakidograptus acuminatus*	*Climacograptus miserabilis*	*Akidograptus ascensus*	*Akidograptus ascensus*	*Parakidograptus acuminatus*	*Parakidograptus acuminatus*	*Climacograptus bicaudatus*
赫南特阶	LM2		*Normalograptus persculptus*	未获化石	*Glyptograptus persculptus*	*Glyptogr. persculptus – G. sinuatus*	*Diplogr. modestus* / *Glyptogr. gracilis*	*Akidograptus ascensus*	*Climacogr. normalis – Glyptogr. sinuatus*
赫南特阶	LM1		*Normalograptus persculptus*	未获化石	*Glyptograptus persculptus*	*Glyptogr. persculptus – G. sinuatus*	*Diplogr. modestus* / *Glyptogr. gracilis*	*Metabolograptus persculptus*	*Climacogr. normalis – Glyptogr. sinuatus*
赫南特阶	WF4	五峰组	*Hirnantia Fauna*	*Hirnantia Fauna*	*Hirnantia Fauna*	*Hirnantia Fauna*		*Hirnantia Fauna*	*Hirnantia Fauna*

Eospirifer / Hirnantia fauna

注：1—观音桥层；2—五里坡层。

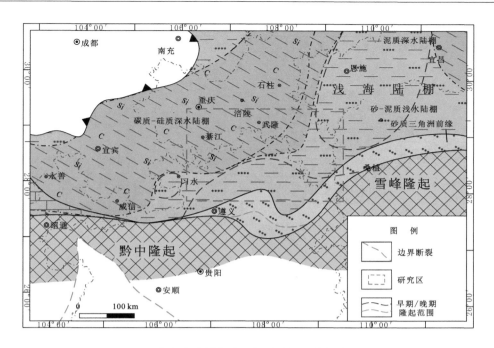

图 2-2 渝东南及周缘地区鲁丹阶沉积岩相古地理图

（2）埃隆阶

鲁丹阶后期海平面开始下降[180,184]，至埃隆阶研究区整体上由早期的深水沉积转变为浅水环境，沉积序列从退积转变为进积，水体滞留程度下降并逐渐转为充氧环境，岩性上向上演变为粉砂增多的灰色或灰绿色粉砂质页岩，石柱-双河一带灰质含量增加，反映出浅海的沉积环境（图 2-3）。埃隆阶晚期水体向南北两侧漫侵，南部形成了黔中隆起与雪峰隆起之间的浅海海峡，以砂质沉积为主。

（3）沉积环境控制下的富有机质泥页岩空间展布特征

由沉积相演变分析可知，赫南特阶-鲁丹阶为有机质沉积的有效时期，沉积充填过程中水体深度逐渐变浅，鲁丹阶末期海平面进入下降阶段，进入埃隆阶研究区整体上转变为浅水环境，岩性上演变为粉砂增多的灰色或灰绿色粉砂质页岩，灰质含量增加，反映了清浅海的沉积环境。埃隆阶晚期约 LM7 时期，黔中古陆受桐梓上升影响再次向北扩张，靠近古陆的韩家店、杨家寨等地黑色页岩不发育。

至特列奇阶，海水进一步变浅，滞流盆地完全为浅水陆棚的沉积环境所取代。研究区以正常的滨浅海环境为主，以泥灰岩及生物灰岩、钙质页岩为主，发育大量的底栖介壳类生物，底栖生物中以腕足类、腹足类、三叶虫等最为发育。

依据龙马溪组沉积相分析及实测点、调查点统计，重新绘制了龙马溪组暗色泥岩厚度等值线图（图 2-4）。黑色页岩主要发育于川南-滇黔交界地区和渝东地区，厚度较大，一般大于 50 m，研究区暗色页岩厚度在 25～100 m 左右。

龙马溪组与下伏五峰组在黔北及湘鄂西部发育有较为明显的古风化壳，连续沉积区则为厚度较小的观音桥段灰岩。龙马溪组鲁丹阶以富有机质页岩为主，可作为良好页岩气储

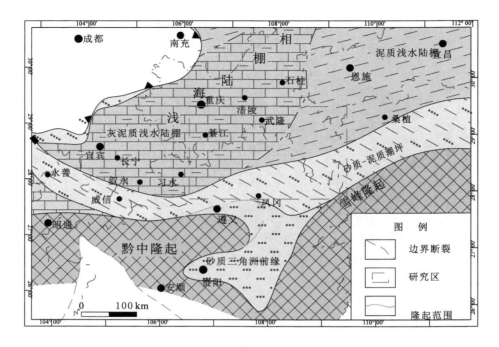

图 2-3　渝东南及周缘地区埃隆阶沉积岩相古地理图

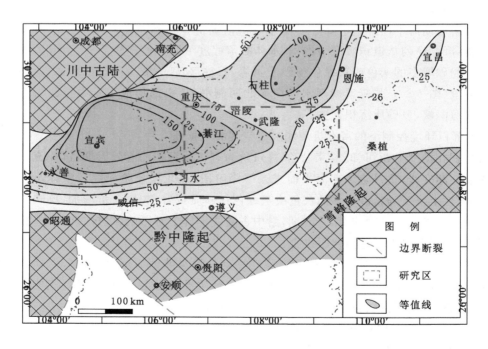

图 2-4　渝东南及周缘地区龙马溪组暗色泥岩厚度等值线图

层;向上有机质含量呈减少的趋势,至埃隆阶即开始沉积灰、灰绿色泥岩夹薄-中厚粉砂岩或薄层泥灰岩,以低有机质丰度泥岩为主体的上段沉积可形成良好的浓度-毛细封盖层,阻止了下伏富有机质页岩段生成的页岩气向上散失；上覆特列奇阶石牛栏组、韩家店组主要为泥灰岩及生物灰岩夹钙质页岩，或页岩、粉砂质页岩夹粉砂岩，横向上分布稳定，厚度大于250 m，垂向上均质性强，可形成良好的封盖层。

2.1.2 样品采集与资料收集

通过实地剖面调查，参考前期对渝东南及周缘川南、黔北一带调查、测试结果，并整理了文献中报道的生物地层及岩性沉积资料，调查点分布如图 2-5 所示。

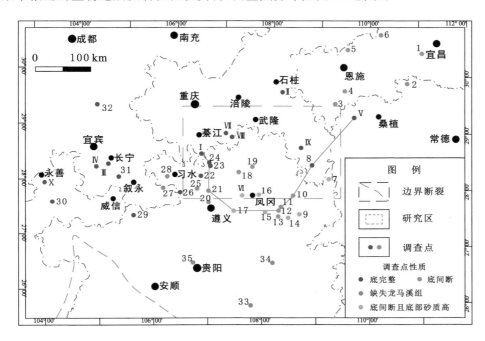

实测调查点：Ⅰ—重庆綦江；Ⅱ—重庆石柱；Ⅲ—四川长宁-双河。

实测参考点：Ⅳ—四川珙县；Ⅴ—龙山比溪；Ⅵ—凤冈天坪；Ⅶ—南川三泉；Ⅷ—南川大有浅井；Ⅸ—重庆彭水；Ⅹ—永善殷加湾。

整理调查点：1—湖北长阳[185]；2—石门龙池河[186]；3—来凤三堡岭[187]；4—宣恩高罗[187]；5—恩施太阳河[188]；6—巴东思阳桥[187]；7—秀山溶溪[186]；8—松桃陆地坪[189]；9—贵州火烧桥[189]；10—印江合水[186]；11—石阡泗沟[186]；12—石阡雷家屯[190]；13—石阡北[189]；14—印江周家坝[189]；15—思南文家店[186]；16—凤冈洞卡拉[186]；17—湄潭牛场[191]；18—沿河甘溪[189]；19—务川龙井坝[186]；20—遵义十字铺[189]；21—遵义板桥[184]；22—桐梓松坎[189]；23—桐梓凉风垭[189]；24—桐梓韩家店[190]；25—桐梓燎原[189]；26—仁怀杨柳沟[189]；27—古蔺太平镇[189]；28—习水三槐村[189]；29—毕节燕子口[189]；30—云南大关黄葛溪[192]；31—兴文麒麟乡[177]；33—都匀大河[193]；34—凯里水珠[194]；35—贵阳乌当[195]。

图 2-5 渝东南及周缘地区龙马溪组实测点调查点分布

2.1.3 有机地化特征

（1）有机质类型

由于龙马溪组热演化程度较高，岩石热解参数分析、同位素分析等有机质类型分析方法应用难度较大，因此采用了镜下鉴定的方法，统计其显微组分类型，利用有机质类型指数

TI 来划分有机质类型。渝东南地区龙马溪组碳质页岩富含笔石,腐泥组+壳质组含量为89%~97%,有机质类型为Ⅰ型。

（2）有机质丰度

龙马溪组 TOC 含量的实测剖面主要包括渝东南綦江、彭水地区。渝东南地区龙马溪组页岩 TOC>2%的占33.00%,整体处于较高水平。垂向上龙马溪组下部 TOC 含量明显高于上段,整体上均大于2.0%,与 TOC 含量分布相对应的,下部 *P. persculptus-P. leei* 带笔石丰度明显大于上部 *D. triangulates-S. sedgwickii* 带。结合调查点,研究区龙马溪组黑色页岩有机质丰度较高(图2-6),高 TOC 含量区与高厚度重合高,页岩气藏发育物质条件较好。

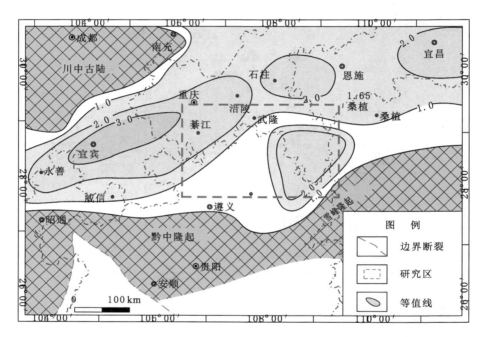

图 2-6 渝东南及周缘地区龙马溪组泥页岩 TOC 含量等值线图

（3）有机质成熟度

綦江剖面测试结果表明,龙马溪组海相镜质组等效反射率 R_o>3.0%,彭水剖面成熟度略低,R_o>2.71%,均处于过成熟阶段。研究区内龙马溪组有机质演化成熟度较高,R_o 值主要在2.0%~3.5%之间,总体上处于过成熟阶段。区域上有机质演化成熟度如图2-7所示。

2.1.4 岩石学特征

通过野外岩石结构、生物化石、矿物成分鉴定,以及微观镜下观察发现,研究区内海相黑色岩系主要由硅质-碳质页岩、泥页岩、粉砂质页岩等组成。泥页岩常与泥质粉砂岩、粉砂岩组成韵律层,不同组分各自成层分布形成纹层结构。少量颗粒在岩石中分布不均匀,碎屑颗粒以粉细砂级碎屑为主,磨圆度中等,分选性极好,其矿物成分以石英、长石、岩屑为

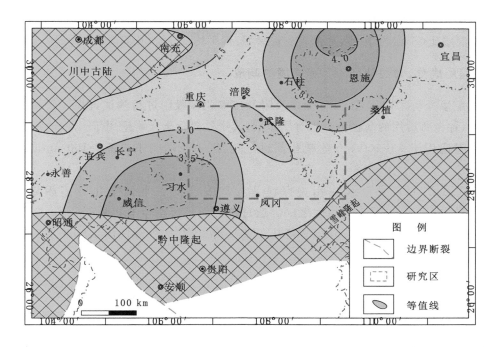

图 2-7　渝东南及周缘地区龙马溪组有机质演化成熟度等值线图

主。粉砂质泥岩中常见粉砂及碎屑。

矿物成分 XRD 分析（图 2-8）表明，各剖面黏土矿物含量差异较大，綦江地区平均 46.5%，彭水为 18.1%；脆性矿物以石英为主，含量稳定在 40.1% 左右，且下部含量较高；长石类与碳酸盐岩矿物平均含量为 27.1%，因而脆性仍保持在较高水平。黄铁矿在龙马溪组

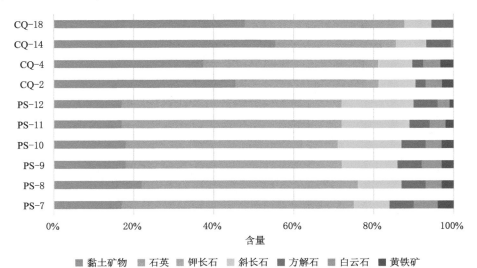

图 2-8　綦江、彭水剖面下志留统龙马溪组矿物成分测试结果图

靠近底部样品(如 CQ-2,PS-7)含量较高。黏土矿物以伊利石(平均 22.9%)与伊蒙混层为主(I/S),混层比(S%)为 10%,并含有少量绿泥石(平均 8.1%)及高岭石(平均 6.4%)。

2.1.5 储层成分、物性特征对沉积环境的响应

孔隙定量分析采用压汞、液氮低温吸附及二氧化碳吸附进行测试,由于三种方法测试原理不同,各自所适用的孔径范围也有所差别,其中二氧化碳吸附适用于<2 nm 的微孔,液氮低温吸附适用于 2~100 nm 的微孔及过渡孔,压汞法适用于表征>100 nm 的大孔及裂隙。

富有机质泥页岩发育模式相关探讨认为其发育受海平面变化等多因素综合影响[196-198],其中沉积环境是关键控因之一。通过统计龙马溪组富有机质泥页岩发育层位表明,除隆起影响区外,暗色泥页岩主体是从 LM5 带由隆起区外缘向深水区逐步消失的,与深水陆棚环境变化趋势相符。

沉积环境对页岩气储层的控制作用主要表现在物质组成、岩性组合、岩石结构、沉积有机质丰度等方面。通过统计主要沉积相带关键剖面的龙马溪组页岩特征(表 2-2,图 2-9),表明研究区龙马溪组岩相、结构相对单一且变化较为规律。龙马溪组下段普遍发育的深水陆棚沉积以滞留、贫氧环境下沉积的碳质-硅质页岩为主,层状结构,沿层面发育大量笔石化石,整体具有较高的 TOC 含量,大量有机质在沉积演化过程中可形成可观的孔隙空间;脆性矿物则以石英为主,硅质含量与孔隙度纵向上均处于较高水平,其高硅质含量或与生物成因、火山活动有关[199-200]。

表 2-2　龙马溪组沉积期主要相带对应物质成分与物性特征

典型剖面层位		岩性	厚度	TOC	脆性指数（BI）	孔隙度
深水陆棚	綦江下部	碳质-硅质	35.7/35.7#	$\dfrac{0.99-4.77^*}{2.99(6)}$	$\dfrac{53.2-61.3}{(2)}$	$\dfrac{2.45-3.69}{2.98(3)}$
	双河下部	碳质-硅质	49.5/49.5	$\dfrac{2.00-5.35}{3.38(28)}$	$\dfrac{36.6-80.1}{58.9(12)}$	$\dfrac{1.76-9.66}{6.44(8)}$
	永善下部	碳质	>37.6/>37.6	$\dfrac{0.94-2.52}{1.59(16)}$	$\dfrac{37.3-77.9}{58.2(16)}$	$\dfrac{2.21-10.81}{7.73(3)}$
浅水陆棚	綦江上部	灰泥质	23.6/101.6	$\dfrac{0.27-1.05}{0.79(8)}$	$\dfrac{44.6-52.2}{(2)}$	$\dfrac{1.54-6.47}{4.43(3)}$
	双河上部	灰泥质	70.2/>91.3	$\dfrac{0.29-2.00}{1.11(47)}$	$\dfrac{27.3-46.4}{36.7(27)}$	$\dfrac{1.71-4.28}{2.85(8)}$
潮坪	凤冈上部	砂质-泥质	32/128	$\dfrac{0.13-0.41}{0.27(9)}$	$\dfrac{30.5-66.18}{44.3(4)}$	$\dfrac{1.31-3.77}{2.78(4)}$
	永善上部	砂质-泥质	23.4/181.3	$\dfrac{0.5-1.15}{0.66(6)}$	$\dfrac{48.9-70.6}{63.0(6)}$	$\dfrac{1.62-7.49}{4.53(4)}$

注:* $\dfrac{\text{最小值}-\text{最大值}}{\text{平均值(样品个数)}}$;

\# 暗色泥页岩厚度/总厚度。

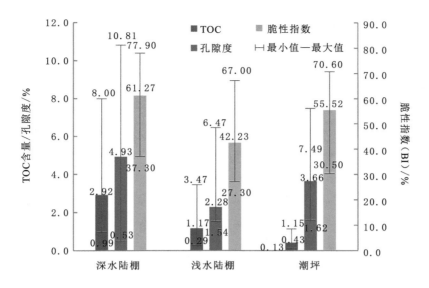

图 2-9 页岩成分、物性特征与对应沉积环境

上段则主要为潮坪与浅水陆棚沉积,水体还原度降低,有机碳含量整体偏低,灰质-砂质含量增加,与富有机质纹层交替出现;靠近古陆的潮坪沉积则由于碎屑物质的输入保持了较高的脆性指数及孔隙度,近龙马溪组顶部长石等碎屑矿物含量可达 32%(凤冈天坪Ⅵ),以粉砂岩为主。

通过对岩相、物性的综合分析,远离古陆以及水下隆起的连续沉积区具有良好的顶底封闭体系,龙马溪组下段富有机质页岩发育稳定,厚度普遍大于 50 m,上段低有机质丰度暗色页岩可少量生烃,从而形成良好的浓度封闭效应,可作为龙马溪组下段有利页岩层段的直接盖层;顶部黄绿色页岩及上覆韩家店组/新滩组细碎屑岩层位稳定、分布广泛,为良好封闭。

2.2 模拟方法

2.2.1 Monte Carlo 模拟

Monte Carlo 模拟为基于重要性抽样的计算方法[201],模拟中瞬时状态下系统内分子的分布情况称为构型,通过考察大量随机构型的系统配分函数,得出观测量 A 无权重的平均值 $\langle A \rangle$。

$$\langle A \rangle = \frac{\int \exp[-U(r^N)/k_B T] A(r^N) \mathrm{d}r^N}{\int \exp[-U(r^N)/k_B T] \mathrm{d}r^N} \tag{2-1}$$

式中,r^N 为系统中 N 各粒子的位置;k_B 为玻尔兹曼常数;T 为温度;$U(r^N)$ 为系统内总能量。

书中使用的模拟系宗主要包括 NVT、NPT 与 GCMC。NVT(即 canonical ensemble)系宗,系统内粒子数(number)、系统体积(volume)、系统温度(temperature)保持恒定,该系统为封闭系统,系统内粒子动作包括移动、旋转,对于简单流体(如 He)系统内仅包括移动,若为复杂流体(如水)粒子的移动/旋转动作分配为 9∶1,系统以能量变化为标准考察动作是否可取。

$$\text{acc}(o \rightarrow n) = \min\left[1, \exp\left(-\frac{U^n - U^o}{k_B T}\right)\right] \tag{2-2}$$

式中,U^o、U^n 为粒子发生位移/旋转前后系统能量变化。

NPT 系宗同样为封闭系统,主要用于计算特定温度、压力下流体密度。系统内粒子数(number)、压力(pressure)、温度(temperature)保持恒定,系统内粒子动作包括 NVT 中的移动、旋转,同时还包括系统的体积改变,体积改变通过三项等比例变化实现。体积改变动作的接受条件为

$$\text{acc}(o \rightarrow n) = \min\left\{1, \exp\left[-\left\{\frac{U^n - U^o}{k_B T} + p\frac{V^n - V^o}{k_B T} - (N+1)\ln\left(\frac{V^n}{V^o}\right)\right\}\right]\right\} \tag{2-3}$$

式中,V^n、V^o 为体积变化前后的系统体积,其余符号含义同前述。

GCMC(grand canonical Monte Carlo ensemble)系宗为开放系统,系统体积 V、温度 T、化学势 μ 保持恒定,又称 μVT 系宗,除 NVT 系宗内的基础动作外,粒子还可以随机插入/删除系统,二者的动作分配为 1∶1。插入/删除动作的接受条件为

$$\text{acc}(o \rightarrow n) = \min\left[1, \exp\left(-\left\{\frac{U^n - U^o}{k_B T} - \frac{a\mu}{k_B T} - a\ln\left(\frac{V}{(N+x)\lambda^3}\right)\right\}\right)\right] \tag{2-4}$$

式中,N 为系统内粒子数;λ 为流体德布罗意波长,$\lambda = h\left[A_v/(2\pi M_w k_B T)\right]^{1/2}$,$h$ 为普朗克常量($h = 6.62\,606\,876 \times 10^{-34}$ J·s);A_v 为阿伏伽德罗常数($A_v = 6.022 \times 10^{23}$ mol^{-1});M_w 为流体摩尔质量(kg/mol)。对于插入动作,$a=1$,$x=1$,对于删除动作,$a=-1$,$x=0$。其余符号含义同前述。

若动作被拒绝,系统将维持旧构型继续实验;若接受则继续在新构型基础上随机抽样实验新构型。通过大量随机实验后,模拟统计的结果为有效的构型及较差但仍有较小的概率出现的构型,其中有效的构型出现概率较大,因而观测量 X 的平均情况 $\langle X \rangle$ 为有效情况的体现。

模拟时,截断距离 r_c 为盒子三向维度中周期重复方向维度的最小值的一半,例如仅在 X、Y 方向上周期重复时,$r_c = \min\{L_x/2, L_y/2\}$。吸附为表面现象,除特殊说明外,模拟时对吸附盒子在 X、Y 方向上周期镜像;而对纯流体盒子做三维镜像,以节省计算时间并保证模拟结果的真实性。

模拟使用 Fortran 语言自行编写计算,其中巨正则蒙特卡罗模拟(GCMC)程序流程如图 2-10 所示,其余系宗除了执行动作有所差异之外,流程与之一致。

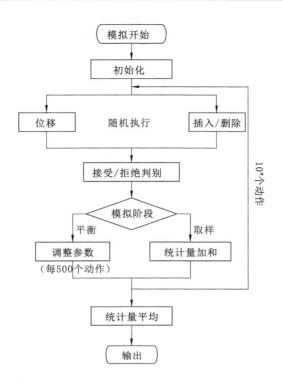

图 2-10　GCMC 模拟程序流程图

2.2.2　固体/流体势能

2.2.2.1　流体

流体间分子作用力包括三类,即色散力(U_{LJ})、静电力(U_{Col})、诱导偶极(U_{Bend} & $U_{Torsion}$),因而流体分子间的势能可表示为

$$U_{Total} = U_{LJ} + U_{Col} + U_{Bend} + U_{Torsion} \tag{2-5}$$

式中,U_{LJ}、U_{Col} 及 U_{Bend} & $U_{Torsion}$ 分别为三类分子间作用力的势能贡献。研究中涉及的流体大多为简单流体,默认分子为刚性结构,其分子间作用力由前两项贡献。其中色散力可选用的势能模型较多,应用最为广泛的为 Lennard-Jones-12-6(LJ-12-6)势能模型;静电力可使用库伦势能计算,因而对于 a、b 两个流体分子间势能 $\varphi(r)$ 可表示为

$$\varphi(r) = \sum_{a=1} \sum_{b=1} 4\varepsilon_{ij}^{ab} \Big[\big(\frac{\sigma_{ij}^{ab}}{r_{ij}^{ab}}\big)^{12} - \big(\frac{\sigma_{ij}^{ab}}{r_{ij}^{ab}}\big)^{6} \Big] + \frac{1}{4\pi\varepsilon_0} \sum_{a=1} \sum_{b=1} \frac{q_i^a q_j^b}{r_{ij}} \tag{2-6}$$

式中,r_{ij}^{ab} 为分子 a 的第 i 个点位与分子 b 的第 j 个点位间距离,σ_{ij}^{ab}、ε_{ij}^{ab} 为点位的平均分子直径及平均势能(cross parameter),计算中采用 Lorentz-Berthelot Mixing Rule,即

$$\begin{cases} \varepsilon_{ij} = \sqrt{\varepsilon_i \times \varepsilon_j} \\ \sigma_{ij} = (\sigma_i + \sigma_j)/2 \end{cases} \tag{2-7}$$

研究中参与计算的流体为甲烷。甲烷可被视为一个整体,即 United Atom（UA）模

型[202-204]，该模型仅包括一个 LJ 点位；也可依据其结构在每个原子上均分配 LJ 点位及电荷，即 All Atom（AA）模型[205-206]；此外由于 H 原子较弱，LJ 势能也可分配于 C—H 键上（M），即 TraPPE-EH 模型[207]。Zhang 等[208]讨论了若干较为常用的甲烷势能参数，表明在高温条件下（$T>110$ K）甲烷结构对吸附结果的影响可忽略，即 $T>110$ K 推荐使用 UA 模型，而在 $70\sim110$ K 范围内若不考虑详细的吸附相图变化，UA 模型与 TraPPE-EH 模型吸附曲线相当，因此文中若无特殊说明，使用的甲烷分子模型为 UA 模型。此外，由于研究中涉及带电固体结构，因此包含八极矩的 OPLS-AA 模型也在讨论范围内（表 2-3）。讨论过剩量的倒吸附现象时使用的 He 流体同样来自 TraPPE-UA 模型。

表 2-3　流体势能参数

模型	Atom	ε/K	σ/nm	q	键长/nm
CH₄（UA）	CH₄	148	0.373	—	
CH₄ （OPLS-AA）	C	33.20	0.35	+0.24	
	H	15.09	0.25	−0.06	
	C—H				0.109
He	He	28	2.566 5		

2.2.2.2　固体

（1）干酪根

干酪根模型使用表征高-过成熟度无烟煤的 Wender 模型（图 2-11）[209]，虽然龙马溪组为 I 型干酪根，但高-过成熟度条件下不同类型干酪根结构趋同演化；此外从模拟角度，Wender 模型在三维空间内可建立较为平整并可周期性重复的结构，可以较容易地控制模型大小以便对比。

（2）石墨结构

随着温度的升高，有机质侧链脱除、芳香度增高、原子密度增大，石墨为有机质的终极演化产物。石墨（graphitized thermal carbon black）结构由于其结构的稳定性及规则性，在吸附研究领域应用广泛。

石墨表面 C 原子直径较小（0.34 nm），色散力较弱（28 K），在石墨表面呈六边形棋盘状排列，C—C 键键长 0.142 nm。由于石墨特殊的六边形结构，一定尺寸的流体可与石墨表面的六边形结构形成整合排列，如 N_2、Kr、CH_4 等[111,210]，但对于尺寸不合适的流体，如 CCl_4，吸附层则倾向于形成致密吸附层而忽略底层固体结构[211]。

对于甲烷流体，其分子紧密排列时晶格常数（$2^{1/6}\sigma_{\text{ff}}=0.418$ nm）与整合排列时晶格常数（0.426 nm）相近，若忽视石墨结构，其模拟结果（$10.3\sim10.7$ $\mu\text{mol/m}^2$）与遵循原子结构的模拟结果（10.56 $\mu\text{mol/m}^2$）相近[212]。由于石墨结构致密、均一，在不着重考虑吸附层分子排列结构时，模拟中可将其视为能量均一的表面。若仅考虑 X、Y 方向无限的单一石墨层（graphene），其流体-固体势能可表示为

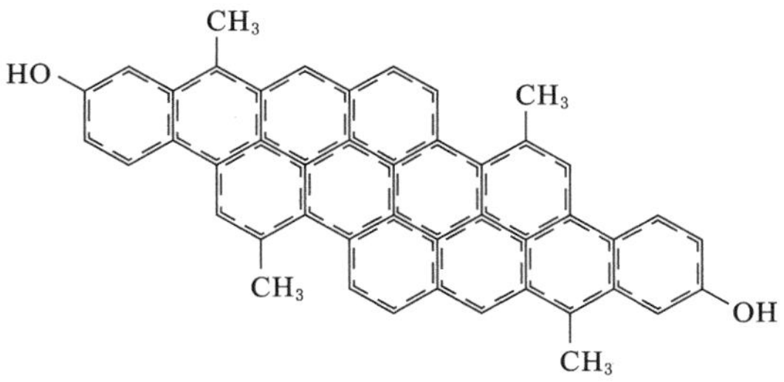

（a）原模型（Wender，$C_{46}H_{28}O_2$）

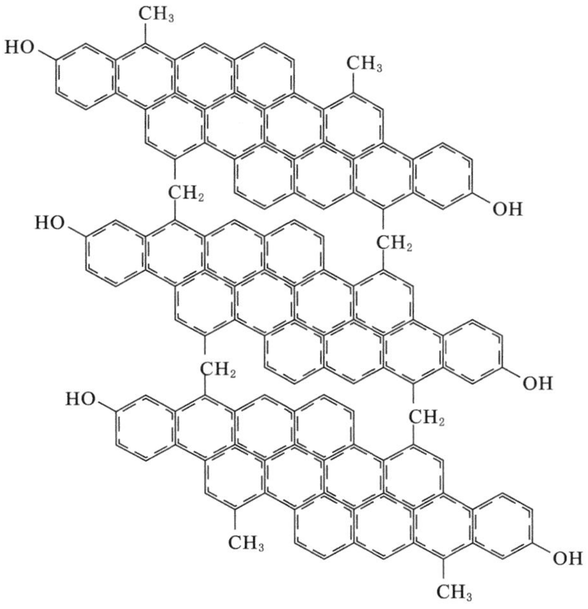

（b）扩展后（Wender，$C_{134}H_{68}O_6$）

图 2-11　Wender 无烟煤模型

$$\varphi_{sf} = 2\pi(\rho\sigma_{sf}^2)\varepsilon_{sf}\left[\frac{2}{5}\left(\frac{\sigma_{sf}}{z}\right)^{10} - \left(\frac{\sigma_{sf}}{z}\right)^4\right] \tag{2-8}$$

即 Crowell-10-4,其中 ρ 为石墨表面 C 原子密度(38.2 nm^{-2}),下标 sf 表示流体-固体的交互参数,使用公式计算所得,z 为流体分子与表面距离。若石墨层数纵向上无限,则势能可表示为

$$\varphi_{sf} = 2\pi(\rho\sigma_{sf}^2)\varepsilon_{sf}\left[\frac{2}{5}\left(\frac{\sigma_{sf}}{z}\right)^{10} - \left(\frac{\sigma_{sf}}{z}\right)^4 - \frac{1}{3}\frac{\sigma_{sf}^4}{\Delta(z+0.61\Delta)^3}\right] \tag{2-9}$$

即 Steele-10-4-3,其中 Δ 为石墨层间距(0.335 4 nm)。

若单一石墨层在 X、Y 方向上有限,则势能为[103]

$$\varphi_{P-L}^{(0)}(z,L,W) = 4\varepsilon_{sf}\rho_s\int_0^L\int_0^W\left[\frac{\sigma_{sf}^{12}}{(x^2+y^2+z^2)^6} - \frac{\sigma_{sf}^6}{(x^2+y^2+z^2)^3}\right]\mathrm{d}x\mathrm{d}y$$

$$= 2\pi\varepsilon_{sf}(\rho_s\sigma_{sf}^2)\left[\left(\frac{\sigma_{sf}}{z}\right)^{10}I_{10}(z,L,W) - \left(\frac{\sigma_{sf}}{z}\right)^4 I_4(z,L,W)\right] \tag{2-10}$$

其中各项展开式见附录 1，z、L、W 在系统中位置如图 2-12 所示。

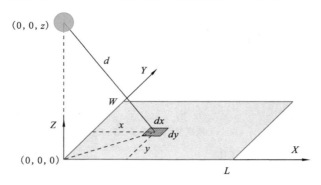

L 与 W 分别为石墨层长、宽，流体粒子位于 $(0,0,z)$

图 2-12　有限长宽石墨层结构参数示意

（3）黏土结构

黏土为页岩的主要组分之一，黏土主要成分为硅氧酸盐，其中硅与氧原子形成四面体（tet-rahedron，T），铝氧原子形成八面体结构（octahedron，O），基础结构侧向上可延伸 $10\sim10^5$ nm²，c 向上按比例堆叠形成黏土框架，T 层与 O 层按比例可形成 1∶1 型（TO，如高岭石）、2∶1 型（TOT，如蒙脱石）结构（图 2-13）。由于四面体/八面体结构的中心原子往往发生置换现象引起黏土框架电荷不均衡，多余电荷由 Na^+、K^+ 等层间阳离子平衡。层间阳离子与层间水亦可形成八面体结构，从而组成更为复杂的 2∶1∶1 型黏土（TOT∶O，如绿泥石）。

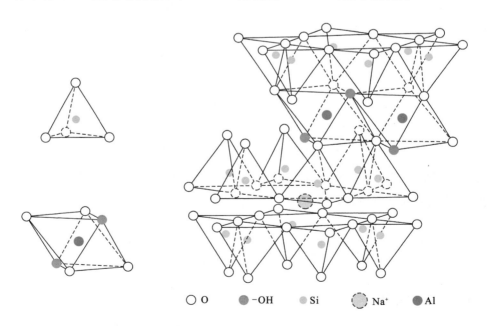

○ O　● -OH　● Si　◌ Na^+　● Al

图 2-13　黏土框架基础四面体、八面体结构与蒙脱石结构示意图

黏土势能模型参考较为成熟的 ClayFF（Clay Force Field）势能[90]，其主要参数如表 2-4 所示。

表 2-4 ClayFF 势能主要参数

元素环境	符号	电荷/e	ε/K	σ/Å
Water hydrogen	h	0.41		
Hydroxyl hydrogen	ho	0.425	0	0.01
Water oxygen	o	−0.82	78.16	3.553 2
Hydroxyl oxygen	oh	−0.95	78.16	3.553 2
Bridging oxygen	ob	−1.05	78.16	3.553 2
Bridging oxygen	obos	−1.180 8	78.16	3.553 2
Bridging oxygen	obts	−1.168 8	78.16	3.553 2
Bridging oxygen	obss	−1.299 6	78.16	3.553 2
Hydroxyl oxygen	ohs	−1.080 8	78.16	3.553 2
Tetrahedral silicon	Sit	2.1	9.26E−04	3.706 4
Octahedral aluminum	Alo	1.575	6.69E−04	4.794 3
Tetrahedral aluminum	Alt	1.575	9.26E−04	3.706 4
Octahedral magnesium	Mgo	1.36	4.54E−04	5.909
Hydroxide magnesium	Mgh	1.05	4.54E−04	5.909
Octahedral calcium	Cao	1.36	2.53E−03	6.248 4
Hydroxide calcium	Cah	1.05	2.53E−03	6.242 8
Octahedral iron	Feo	1.575	4.54E−03	5.507
Aqueous sodium	Na	1	65.44	2.637 8
Aqueous potassium	K	1	50.30	3.742 3
Aqueous cesium	Cs	1	50.30	4.300 2
Aqueous calcium	Ca	2	50.30	3.223 7
Aqueous chloride	Cl	−1	50.35	4.938 8

计算中 SF 势能可表示为

$$\varphi(r) = \sum_{j=1}^{N_{Solid}} \sum_{j_\kappa=1}^{N_j} \sum_{i=1}^{N_i} 4\varepsilon_{ij}^{SF} \left[\left(\frac{\sigma_{ij_\kappa}^{SF}}{r_{ij_\kappa}^{SF}} \right)^{12} - \left(\frac{\sigma_{ij_\kappa}^{SF}}{r_{ij_\kappa}^{SF}} \right)^6 \right] + \frac{1}{4\pi\varepsilon_0} \sum_{j=1}^{N_{Solid}} \sum_{j_\kappa=1}^{N_j} \sum_{i=1}^{N_i} \frac{q_i q_{j_\kappa}}{r_{ij_\kappa}} \qquad (2\text{-}11)$$

式中,N_{Solid} 为系统内固体分子数;N_j、N_i 分别为固体分子 j_κ、流体分子 i 所携带的 LJ 或电荷点位数;$\sigma_{ij_\kappa}^{SF}$、$\varepsilon_{ij_\kappa}^{SF}$ 为固体-流体由计算所得的势能参数;q_i、q_{j_κ} 为对应的电荷。在计算中若将黏土视为独立分子结构,则每执行一个动作均要对系统内流体、固体进行多次 LJ-12-6 计算,计算效率太低。因而在实际计算过程中使用不同的 LJ 势能点位以及单位电荷作为探针分子,以单位晶胞为基本单位建立三维数据库,即在单位晶胞每个节点上均计算 SF 势能并存入数据库,对于仅有部分原子位于阶段半径 R_{cutoff} 内的晶胞,整个晶胞均参与计算以保证系统的稳定性。每次需计算 SF 势能时均调用该数据库,然后运用插值法计算得到实际点位的势能。数据库的建立及三维差值法计算如图 2-14 所示。

建立三维数据库时,首先对单位晶胞上部空间栅格化,栅格大小 $\Delta_{grid} = 0.1\sigma_{ff}$;为减小误

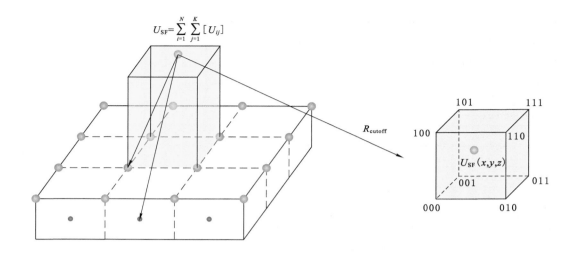

$$U_{SF} = \sum_{i=1}^{N} \sum_{j=1}^{K} [U_{ij}]$$

$N-R_{cutoff}$ 内晶胞的所有固体原子数;K—流体内 LJ 势能点位数。

图 2-14　三维数据库建立思路与三维插值计算示意图

差,对接近结构表面的栅格进行细分,即 $Z<1.5\sigma_{ff}$ 时,栅格大小 $\Delta_{grid}=0.05\sigma_{ff}$。探针分子在各个栅格顶点计算 SF 势能,计算时依据实际系统的周期性条件以得到正确的势能分布。建立三维数据库后,任意一点势能 P 为

$$P = C^{T} \cdot Q \qquad\qquad (2\text{-}12)$$

其中 $C = [C_0, C_1, C_2, C_3, C_4, C_5, C_6, C_7]^{T}$,$Q = [1, \Delta x, \Delta y, \Delta z, \Delta x\Delta y, \Delta y\Delta z, \Delta x\Delta z, \Delta x\Delta y\Delta z]$,各项系数如下

$C_0 = P000$

$C_1 = P100 - P000$

$C_2 = P010 - P000$

$C_3 = P001 - P000$

$C_4 = P110 - P010 - P100 + P000$

$C_5 = P011 - P001 - P010 + P000$

$C_6 = P101 - P001 - P100 + P000$

$C_7 = P111 - P011 - P101 + - P110 + P100 + P001 + P010 - P000$

$\Delta x = (x - x_0)/(x_1 - x_0)$

$\Delta y = (y - y_0)/(y_1 - y_0)$

$\Delta z = (z - z_0)/(z_1 - z_0)$

在计算电荷势能分布时,应用较为广泛的为 Ewald Summation[201],其在处理均一的晶体固体时效果较好,但在吸附系统中,相态分布差异性大,吸附系统内的晶胞体积远大于固体自身晶胞体积,因而在吸附系统内应用效果较差。此外计算电荷势能数据库时使用单位正电荷作为探针分子,计算数据库时系统并不为电中性,计算结果收敛性较差,因而在处理

电荷时仍使用直接加和法。

2.2.3　特征分析

吸附结果除吸附曲线外,还有吸附热、密度分布等,对其特征的具体分析可辅助解释吸附现象。

对于 NVT 系统,等量吸附热由下式计算

$$q^{st} = k_B T - \frac{\partial \langle U \rangle}{\partial N} \tag{2-13}$$

GCMC 系统的等量吸附热由 Fluctuation theory 计算[213]。

$$q^{st} = -\frac{f(U, N)}{f(N, N) - f(N^G, N^G)} + k_B T \frac{N^G}{f(N^G, N^G)} \tag{2-14}$$

式中,$f(X, Y) = \langle XY \rangle - \langle X \rangle \langle Y \rangle$,括号$\langle X \rangle$为变量 X 的统计平均;N^G为系统中气相分子数;其余符号含义同前。当流体为低温低压状态时,气相中流体数可以忽略,即省略 $f(N^G, N^G)$,但超临界状态下不可忽略。

密度分布(local density distribution,LDD)主要讨论 z 向及平面(x, y)二维密度分布(2D-LDD)。

$$\rho(z) = \frac{\langle \Delta N(z) \rangle}{L_x L_y \Delta z} \tag{2-15}$$

$$\rho(x, y) = \frac{\langle \Delta N(x, y) \rangle}{L_z \Delta x \Delta y} \tag{2-16}$$

式中,$\langle \Delta N(z) \rangle$为$[z, z + \Delta z]$范围内平均粒子数;$L_x$、$L_y$分别为系统长、宽;$\langle \Delta N(x, y) \rangle$为 L_z 跨度内、$[x, x + \Delta x]$与$[y, y + \Delta y]$范围内平均粒子数。

系统径向分布 $g(r)$ 为考察分子排列方式的重要参考,计算公式为

$$g(r) = \frac{\langle \Delta N(r) \rangle}{2\pi [(r + \Delta r)^2 - r^2] \langle \rho \rangle} \tag{2-17}$$

式中,$\langle \Delta N(r) \rangle$为计算半径$[r, r + \Delta r]$内平均粒子数;$\langle \rho \rangle$为计算半径内平均密度。径向分布曲线的第一个峰表征系统内最近的两个粒子的距离分布情况,而当系统由无序结构转变为有序结构时,第二个峰由单峰演化为双峰。

能量分布可用于分析研究实体(包括固体、流体、层间阳离子等)的能量与其余实体不同作用强度上的流体分布,统计的能量区间 $\Delta u_i = 0.1(-)$,其中括号$(-)$表示无量纲单位,无量纲长度与量纲化长度转换为 $1(-) = \sigma_{ref}(nm)$,无量纲能量与量纲化能量转换为 $1(-) = \varepsilon_{ref} \times R_g (kJ/mol)$,$\varepsilon_{ref}$为无量纲化时使用的参考能量,一般参考能量为流体的势能,如使用 UA 甲烷模型,系统内 $\sigma_{ref} = 0.373$ nm,$\varepsilon_{ref} = 148$ K,R_g 为通用气体常数,能量落入$[\Delta u_i, \Delta u_{i+1}]$区间的粒子数$\langle n_i \rangle$为

$$\langle n_i \rangle = \langle N \rangle \times \frac{1}{K} \sum (n_i^k / N^k) \tag{2-18}$$

式中,n_i^k为第 k 个构型中能量落入目标区间 i 的分子数;N^k为第 k 个构型中的粒子总数;$\langle N \rangle$统计了 K 个构型后系统中粒子数量的统计平均。

3 龙马溪组物质成分特征与控制因素

页岩的物质成分特征是评价页岩吸附性能的基础,对甲烷的主要吸附载体为有机组分,以及黏土等尚存在争议的物质。厘清龙马溪组沉积期内物质成分的来源、影响因素以及变化趋势是吸附性能评价的基础。

3.1 典型剖面生物组合带

龙马溪组沉积期内,盆地周缘存在系列古陆以及水下隆起,对渝东南地区影响明显的为黔中隆起,综合分析研究区及周缘龙马溪组地层-生物发育情况(图2-5),可以清晰地表明黔中隆起变迁历程(图3-1)。研究区内綦江地区(I)龙马溪组与下伏五峰组仍为连续沉积,向东南进入黔北地区后龙马溪组下部地层厚度降低,沉积间断明显,岩性由暗色泥页岩转

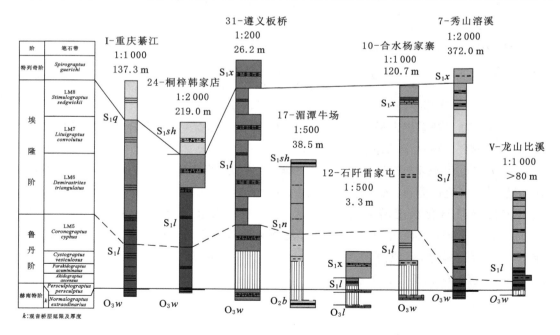

图 3-1 渝东南及周缘龙马溪组及相当层位发育情况

变为反映浅水环境的灰岩或黄绿色泥页岩(31,10),向东进入秀山一带,龙马溪组与五峰组再次转变为连续沉积,但暗色页岩厚度较为有限。

渝东南地区位于黔中古陆起北部,研究区东部外侧为宜昌水下隆起影响范围,笔石带记录可反映两处隆起对沉积的影响。黔东北印江杨家寨剖面(10)龙马溪组内缺失了志留系最下部的两个笔石带[186],秀山溶溪剖面(7)则为连续沉积,向东北妙泉剖面则缺失龙马溪组最底部 P. persculptus 带化石,已进入宜昌上升形成的湘鄂水下隆起波及范围内;由秀山向北水体深度则迅速增加,至彭水县东北渝页 1 井,暗色泥页岩厚度可达 100 m[214]。

贵阳乌当(35)位于黔中古陆南岸,埃隆阶晚期高寨田组紫红色含灰岩角砾粉砂岩直接覆盖于中奥陶统黄花冲组[195,215]。贵州湄潭、思南一带沉积了棕黄色粉砂质泥岩与灰色泥岩,生物组合与龙马溪组也截然不同,以壳相为主,指示了正常的充氧近岸浅海环境,笔石稀少,经多次整理后命名为牛场组,属鲁丹阶晚期 C. vesiculosus 带至埃隆阶早期 D. triangulatus 带沉积[191,216]。东部雷家屯(12)、文家店(15)均发育观音桥层而缺失五峰组及龙马溪组底部笔石带,文家店龙马溪组底部可见铁质风化壳[189,217]。西北川黔交界处四川古蔺(27)与习水三槐村(28)只缺失了赫南特阶最顶部的 P. persculptus 带。

在奥陶纪末冰川事件之后全球海平面上升背景下,黔中隆起在赫南特阶晚期仍向北扩展[图 3-2(a)],表明其具有较高的隆升速率;隆起发育区域地形复杂,在赫南特阶-鲁丹阶内发育多个古岛,近岸海底发育正常浅水生物群,远离海岸处则为还原条件下的静水滞留沉积,以硅质-碳质泥质沉积为主,水平层理发育。随后海平面相对上升,鲁丹晚期古岛大部再度被海水侵漫、古陆向南回缩,原先隆起区域开始接受沉积[图 3-2(b)]。至埃隆阶,海水向南扩张,在黔中古陆与雪峰隆起间形成浅海海峡,表现为越来越新的志留系超覆在奥陶系之上,以砂质沉积为主;扬子区内普遍以浅海灰泥质沉积与砂泥质沉积为主。

3.2　生物演化与初产力

3.2.1　生物丰度演化

龙马溪组有机质热演化已进入过成熟阶段,其有机质来源主要为生物残体、沥青颗粒、无定形有机质等[38],其中生物残体以笔石残片为主,为有机碳的最主要来源。笔石为龙马溪组标志性生物化石,由于龙马溪组较强的还原性水体环境,作为主要生烃母质的藻类大多腐解,少见化石遗留。沉积期内受奥陶-志留之交生物演化事件影响,生物结构较为单一,笔石作为食物链中主要的消费者,其发育程度可较好地反映沉积期内藻类等生产者的丰度。龙马溪组扫描电镜下主要有机质保存状态见图 3-3。

依据研究区綦江剖面采集的化石标本鉴定、丰度统计结果(图 3-4)[51],发现剖面五峰组内笔石化石丰富,向上观音桥段化石稀少,以腕足类为主,仅见少量笔石化石,且种属分异度低;进入龙马溪组黑色页岩中笔石化石丰度再次增加,以碳化薄膜形式顺层保存,未见穿层的现象,且保存相对完好,笔石种属分异度向上也逐渐增加;LM4 后笔石丰度明显变小,近顶部的黄绿色泥岩中见笔石碎片。发生以上笔石分异度和丰度的演化,主要是与其当时

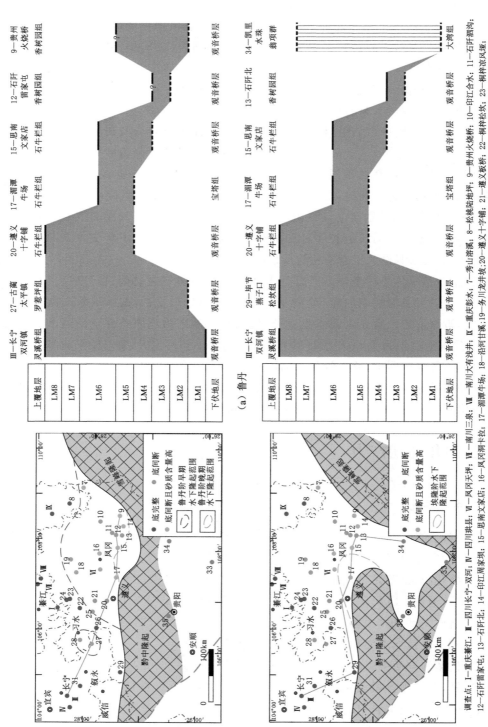

图3-2 黔中古陆北缘水下隆起变迁

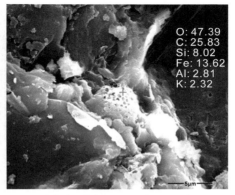

（a）生物残体有机质，笔石与疑似藻类　　　（b）生物残体有机质，笔石与疑似藻类

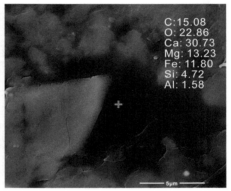

（c）有机质团块　　　　　　　　　　　（d）渗出有机质，与白云石共生

图 3-3　龙马溪组扫描电镜下主要有机质保存状态[38]

生活环境的改变有关,依据笔石种属分异度、笔石丰度变化,奥陶纪晚期的冰期海退事件及志留纪初的大规模海侵,使笔石的演化经历了绝灭期(WF1—WF4)、残存-复苏期(~LM1)和辐射期(~LM4)[51]。

　　笔石发育丰度在纵向上也随生物的复苏而明显增加,而至辐射阶段则开始下降。龙马溪组 TOC 含量纵向上变化明显,由底至顶部逐渐降低。龙马溪组下段底部的 35 m 黑色页岩段,TOC 含量均大于 2.0%,最高可达 4.77%,上段 TOC 含量平均低于 1%,最顶部仅为 0.27%,相对应的底部 LM1—LM5 带笔石丰度明显大于上部 LM6—LM8 带。通过统计发现笔石丰度与 TOC 含量呈较好的相关关系,笔石生物的发育程度可作为源岩 TOC 丰度的良好标识,与 TOC 含量的变化密切相关(图 3-5)。

　　由于笔石为浮游生物,其生活下界可以反映充氧水体的底界。通过对比与笔石动物共生的腕足类生物,Boucot 和 Chen[218]建立了笔石的深度分带,在此基础上分析綦江剖面各笔石带内主要笔石种类的生活下界,可推测得到龙马溪组沉积期内充氧水体大致深度。结果表明(图 3-6),龙马溪组早期笔石生活空间较小,主要分布在<60 m 的浅水区域,与水体底部还原环境有关;自 LM5 带开始笔石的生活深度显著向深水区扩展,笔石生活空间逐步

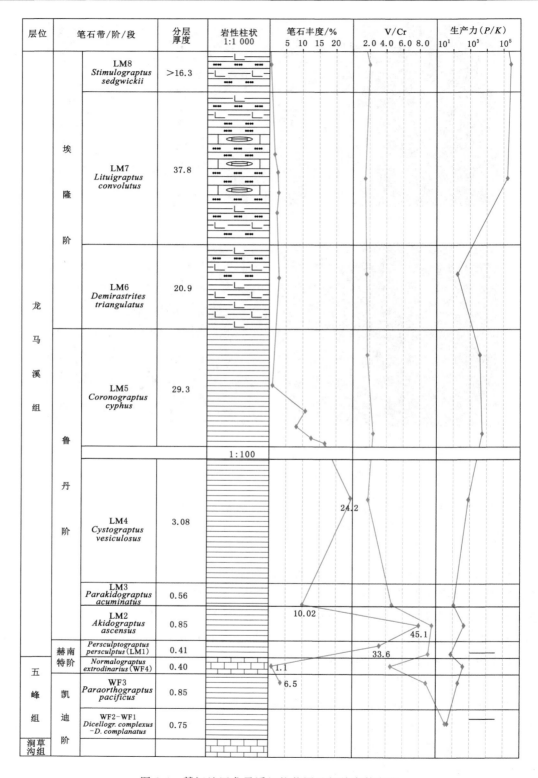

图 3-4　綦江地区龙马溪组柱状图及相关参数变化

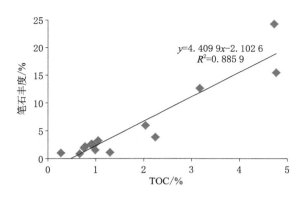

图 3-5　笔石丰度与 TOC 含量关系趋势图[51]

扩张,表明水体氧化还原界面开始下降及有机质保存条件恶化;至埃隆阶 LM6—LM7 带时生活深度达到最大,埃隆阶顶部 LM8 带笔石分布深度降低则与水体淤积、水深变浅有关。

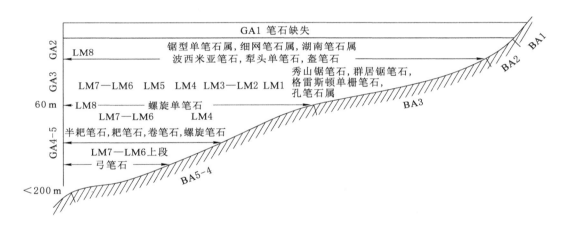

图 3-6　笔石深度分带及各笔石带生活深度变化(据文献[218]修改)

3.2.2　海洋表面初产力分析

由于化石中植物生产者标本缺乏,笔石作为主要消费者,其发育程度受沉积期内生产者的丰度与沉积物稀释作用共同控制,因而通过计算海洋表面初产力表征生物输入情况。綦江剖面样品微量元素分析见表 3-1。常见的 Ba、Mo、P 等元素与海洋中生物发育及有机质沉积关系密切,其中 Ba 与有机碳通量关系紧密,可反映海洋表面初产力的高低,其余微量元素含量,如 V/Cr 比可作为较好的水体氧化/还原条件指示。以綦江剖面为例,通过计算 Ba 过剩量,进而得到龙马溪组初产力的纵向变化趋势。综合笔石生物演化特征、笔石丰度、生活深度等,可揭示龙马溪组有机质输入与保存过程中的关键控制因素。

表 3-1　綦江剖面样品微量元素分析

样品编号	笔石带	TiO$_2$/%	Ba/(μg/g)	P/(μg/g)	V/(μg/g)	Cr/(μg/g)
CQW-1	WF2	0.70	483	129	945	85.7
CQW-3	WF3	0.60	605	108	552	63.1
CQW-6	WF4	0.38	602	6.66	107	23.4
CQL-2	LM1	0.57	535	106	516	56.8
CQL-4	LM2	0.58	480	83.0	461	48.9
CQL-6	LM3	0.64	562	68.1	213	45.9
CQL-8	LM4	0.72	535	7.63	151	76.8
CQL-9	LM5	0.63	499	13.5	156	57.1
CQL-11	LM5	0.75	538	5.35	135	92.3
CQL-13	LM6	0.77	506	2.10	138	94.8
CQL-15	LM7	0.30	273	0.15	38.7	30.8
CQL-17	LM8	0.67	605	2.38	153	75.5
CQL-18	LM8	0.65	608	0.26	96.8	62.5

　　沉积期内生物实际输入量可通过海洋表面初级生产力（简称初产力）表征。通过元素过剩量校正,可扣除陆源物质对正常海水沉积的影响,通过元素过剩量可计算初级生产力。由于 Ti 元素稳定且溶解度小,可作为陆源输入物质指标计算元素过剩量,过剩值通过参考 PAAS[219] 计算可得:

$$E_{ex} = E_{total} - Ti_{total} \times (E_{PAAS}/Ti_{PAAS}) \tag{3-1}$$

E_{ex} 为正表明该元素对相对 PAAS 表现为海相自生富集,选用与生物发育程度相关元素可计算海洋表面初级生产力[220]:

$$P = K \times E_{ex} \times \rho \times SR/0.15 \tag{3-2}$$

式中,P 为初产力,gC/(m^2·a);E_{ex} 为元素的相对过剩值,$\times 10^{-6}$;ρ 为沉积物的密度,取2.6 g/cm^3;SR 为沉积速率,cm/ka;$K = m \times c$,m 表示浮游植物中有机碳的含量,由现代海洋推算,c 为浮游生物中微量元素 E 的含量,对于特定元素 m 与 c 均为定值,因此 K 视为常数;0.15 表示只有 15% 的有机质能进入沉积物。

　　由公式可以计算出五峰组沉积后期龙马溪组初产力变化趋势（表 3-2）,结合统计的笔石丰度,其中奥陶纪-志留纪之交生物事件表现明显,第一幕演化事件位于 WF2 上部,受冰川活动导致的海平面下降控制;第二幕位于 WF4—LM1 中部,受冰后海平面快速上升造成的缺氧环境影响,可见初产力的明显下降在生物事件的两次幕式演化的叠加影响下初产力于奥陶纪-志留纪之交降至最低。随后初产力呈快速上升趋势,于鲁丹阶末期逐渐稳定并缓慢上升。

表 3-2　綦江剖面龙马溪组笔石带时代、厚度、笔石丰度、初产力变化趋势

编号	带厚 /m	时代 /Ma	笔石丰度 /%	沉积速率 /(cm/ka)	Ba$_{ex}$ /×(10^{-6})	初产力 (P/K)	V/Cr —
WF1—WF2*	0.75	447.81~447.02	—	0.12	29.919 46	64.8	11.02
WF3	0.85	−445.16	6.50	0.05	211.921	167.9	8.73
WF4	0.4	−444.43	1.10	0.05	356.704 4	338.8	4.56
LM1	0.41	−443.83	33.6	0.03	164.033	87.6	9.09
LM2	0.85	−443.40	45.1	0.20	104.982 7	359.7	9.42
LM3	0.56	−442.27	10.02	0.05	143.216 6	123.0	4.63
LM4	5.67	−441.51	24.2	0.75	64.403 12	832.8	1.96
LM5	27.19	−440.77	5.82	3.67	53.258 32	3391.9	2.09
LM6	27.8	−439.21	3.20	1.78	4.369 18	135.0	1.46
LM7	64.98	−438.76	2.40	14.44	78.421 7	19 628.4	1.26
LM8	>100	−438.49	0.24	>37	169.331 5	>108 597.9	1.79

* 页岩揉皱明显,无法统计丰度。

　　图 3-4 中笔石丰度曲线反映了烃源岩中有机质保存效率,初产力变化趋势对奥陶纪-志留纪之交生物事件响应明显,可较好地反映生物物源的输入变化,复苏期后生产力上升明显,对烃源岩志留影响较小;生产力与 TOC/笔石丰度变化呈相反趋势,表明在沉积过程中,沉积物的稀释作用对烃源岩质量同样起到关键作用,对于一定的初产力,过多的沉积物输入将导致有机质丰度的降低。由图 3-4 可知,WF3—LM1 带内初产力较低,水体底层为强还原环境,类似于黑海模式,有利于有机质的保存;同时极低的沉积速率保证了有机质在该段时间内的凝缩,从而形成了厚度有限的富有机质页岩薄层。向上沉积速率逐渐增加,LM3—LM6 带沉积速率落入烃源岩形成最佳速率阶段;而 V/Cr 表明 LM4 带已进入氧化环境,虽然生物输入与沉积速率均处于有利阶段,向上水体逐步转变为氧化条件,水体环境的改变导致 TOC 含量下降。渝东南秀山-酉阳距离宜昌水下隆起较近,沉积期内受陆源输入影响明显,沉积物的输入在稀释 TOC 丰度的同时对水体的扰动作用也导致其较早地转换为弱氧化环境,导致优质烃源岩段厚度的降低。龙马溪组优质烃源岩的发育仍需要适宜的沉积速率与还原水体环境的配合,WF3—LM1 带水体环境适于有机质的保存,但由于沉积速率过低,页岩厚度有限;LM2 带生物初产力增加、水体还原程度降低,但沉积速率增幅较为缓慢,沉积的稀释作用不明显,为富有机质页岩快速沉积的主力阶段,尤其是盆地中心一带还原水体环境存在时间跨度较长,从而形成了暗色泥页岩厚度中心。向上 LM5 之后初产力虽大幅增加,但沉积稀释作用明显,且水体充氧程度高,已不利于富有机质页岩的形成。

3.3 小结

笔石丰度为生物物源输入、沉积稀释、保存演化的综合反映,与页岩 TOC 含量相关性明显。龙马溪组底部(LM1)形成于局限海盆,高笔石丰度受生物演化事件、底层水体环境恶化、沉积凝缩控制,虽然沉积期内生物初产力较低,较好的有机质保存条件形成了 TOC 含量高但厚度有限的优质页岩层段。龙马溪组下部(LM2—LM4)形成于深水陆棚环境,优质页岩层段受较高的生物输入、弱沉积稀释、较好的保存条件综合影响,TOC 含量虽略低于底部,但页岩厚度较大且 TOC 含量整体仍大于 2%。上部(LM6—LM9)虽生物生产力恢复,由于水体环境转为充氧环境,且沉积速率明显增加,导致了有机质保存条件的恶化以及明显的沉积稀释作用,形成了龙马溪组上部有机质含量低的厚层页岩。而盆地边缘地区为潮坪环境,由于海水进退影响,龙马溪组下部页岩厚度较小且 TOC 含量整体偏低,或缺失底部层段,加之碎屑输入影响明显,优质页岩层段发育有限。

4 页岩组分吸附机理

吸附相是页岩气的主要赋存状态之一,在储层中吸附气比例可高达 85%,因而对吸附行为的正确认识是揭示赋存机理的关键。其中有机质被普遍认为是具有较强吸附能力的介质,而对于黏土矿物则存在一定争议。本章从两种主要组分的理想结构入手,分别讨论其各自不同结构下的吸附能力,及有机-无机组分复合系统下孔隙结构、物质成分对吸附的影响。

4.1 矿物组分

黏土结构的基本单元由硅氧四面体(tetrahedron)及铝氧八面体(octahedron)组成,空间上相互叠置形成黏土基本框架,并通过层间阳离子以保持结构电中性。依据硅氧四面体与铝氧八面体叠置类型,黏土可分为 1∶1 型(TO),如高岭石,2∶1 型(TOT),如伊利石、绿泥石,若层间阳离子与水分子结合形成八面体,可形成更为复杂的 2∶1∶1 型结构,如蒙脱石。黏土结构多变,由原子置换引起的电荷不均匀分布使得黏土表面具有较高的活性。

文献中黏土结构较多,在模拟中仅选取了较为典型的蒙脱石(Kaolinite)、伊利石(Illite)、绿泥石(Chlorite)、蒙脱石-1(Mont-1)、α-石英(SiO_2),以及模拟中势能研究较为完善的 Wyoming Montmorillonite(Mont-2),势能使用 ClayFF,不考虑黏土层间阳离子的影响。对于石墨结构的研究程度较高,为了展现二者的差异,模拟结果同时也与石墨作对比参考。常见黏土、石英基本结构如表 4-1 所示。

表 4-1 常见黏土、石英晶格结构参数

	a/Å	b/Å	c/Å	β/(°)	ρ/(nm^{-2})
高岭石[221]	5.148	8.92	14.535	100.2	13.066
伊利石[222]	5.189	8.953	10.13	101.1	4.31+8.61*
绿泥石[223]	5.328	9.228	14.363	96.82	12.20
Mont-1[224]	5.411	9.0	10.25	100.3	12.32
Mont-2[81]	5.28	9.14	9.384	100.6	12.43
α-石英#[225]	4.913	8.510	5.405	90	7.94+7.94*

* 第一层、第二层氧原子密度;
# 由三方晶系转换为立方晶系后。

在吸附系统中,黏土、有机质作为吸附剂视为固体(solid),吸附质作为流体(fluid),层间阳离子为可移动的原子型固体(atomistic solid),因而在模拟中涉及的成对作用力包括固体-流体(solid-fluid,SF)、流体-流体(fluid-fluid,FF)、原子-流体(AF),原子-固体(AS),原子-原子(AA)及固体-固体(SS)六种。计算中构建 8×4 晶胞(约 4.0×4.0 nm²)模拟黏土表面,由于未涉及黏土层间结构,模拟中忽略了层间结构的阳离子,即仅考虑 TO/TOT 框架结构;在模拟甲烷吸附时使用无电荷的 1 位甲烷模型,因而 SF 作用力仅包括 Van der Walls(VdW)力,Mont-2 黏土 TOT 框架对甲烷的 SF 势能平面分布如图 4-1(b)所示,模拟中表面/孔径边界始于表层原子中心。

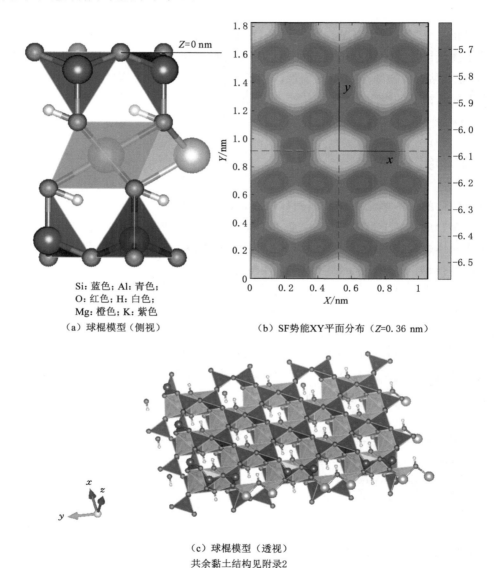

Si:蓝色;Al:青色;
O:红色;H:白色;
Mg:橙色;K:紫色
(a)球棍模型(侧视)

(b)SF势能XY平面分布(Z=0.36 nm)

(c)球棍模型(透视)
共余黏土结构见附录2

图 4-1　Mont-2 黏土结构

4.1.1　开放表面

（1）低温条件（77 K）

低温条件下分子动能较小，吸附特征受游离态流体影响可以忽略，因而对低温条件下吸附的分析可以更直观地展现吸附过程与影响因素，同时与高温条件下的对比也可得出温度对吸附的影响。

固体表面的过剩吸附量可表示为

$$n_{ex} = n_{total} - \rho_g \times V_{Acc} \tag{4-1}$$

式中，n_{total} 为系统内流体总量；n_{ex} 为表面过剩吸附量；ρ_g 为气相密度；V_{Acc} 为气体可侵入体积（accessible volume，即系统内流体-固体作用势能小于零的体积）。

由于低温条件下公式第二项可以忽略，因而系统内流体的量可视为表面过剩量。以甲烷-石墨系统为例（图 4-2），低压时流体在表面密度较低，可视为二维气相，而后吸附量随压力快速增加，形成较为稠密的二维流体相后，吸附相密度缓慢增加并保持稳定，200 Pa 左右再次发生阶跃，形成第二个吸附层。吸附相密度迅速增加时的压力反映了固体对该流体的吸附亲和力，而最大吸附量与流体的形态有关，即流体在表面紧密排列时的量。分子间 LJ 势能最低时，分子间距为 $2^{1/6}\sigma_{ff}$，即 0 K 时分子间为分散距离，该距离可做吸附层理论密度的估算。单层最大吸附量理论值为 $1/((2^{1/6}\sigma_{ff})^2 \times \cos 30°)$，甲烷为 $10.99\ \mu mol/m^2$，而实际结果与模拟条件、固体面积、流体分子结构等因素有关，最大吸附量与理论值存在一定差异。

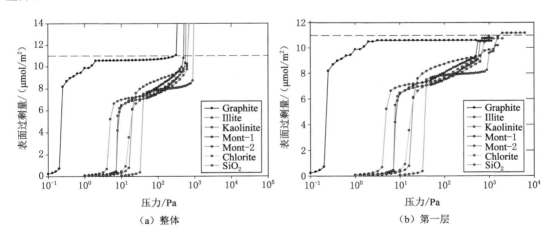

（短虚线为第一层最大理论密度，$10.99\ \mu mol/m^2$）

图 4-2　不同固体在低温条件下（77 K）的吸附结果

石墨由于其较强的吸附亲和力第一层可快速达到理论值，其余几种黏土类型则需要在较高的压力下才可实现紧密排列，同时吸附初始压力、第一层初次稳定时的密度明显低于石墨，这些差异均为黏土对甲烷吸附亲和力弱于石墨的表现（图 4-2）。几种无机结构对甲烷的亲和力表现为高岭石＞Mont-1＝Mont-2＞绿泥石≈伊利石＞α-石英；此外由于黏土结构表面较弱,第一吸附层达到紧密排列时黏土表面已形成 2~3 层吸附层,第一吸附层的致密化由压力所致。

以 Mont-2 黏土为例,结合石墨吸附特征,分析低温条件下的吸附行为,Mont-2 黏土在低温下的吸附曲线以及吸附热变化如图 4-3 所示。由于低温下甲烷在固体表面成层吸附,吸附层可由 Z 向上按密度变化划分,以两层吸附层中间密度最低点为划分界限,在石墨及黏土表面第一吸附层高度取 0.5 nm(图 4-4)。

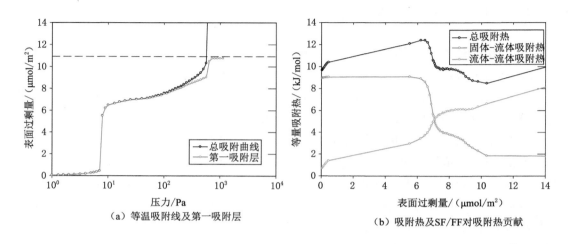

（a）等温吸附线及第一吸附层　　　　　（b）吸附热及SF/FF对吸附热贡献

图 4-3　Mont-2 黏土等温吸附模拟结果(77 K)

与石墨表面吸附相密度相比,Mont-2 表面吸附层 Z 向跨度大,在低压阶段(100 Pa)流体首先在靠近固体表面处吸附(0.32 nm),而在第一层接近饱和(600 Pa)时主要吸附量集中在 0.36 nm 附近,吸附层密度曲线上峰肩明显[图 4-4(b)]。至第二、第三吸附层形成后(1 000 Pa),第一吸附层密度曲线肩峰弱化同时峰宽降低,表明已充分致密化形成固相[图 4-4(c~d)]。

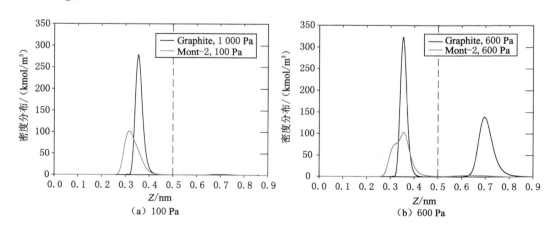

（a）100 Pa　　　　　　　　　　　（b）600 Pa

图 4-4　低温条件下石墨及 Mont-2 黏土表面吸附密度特征曲线

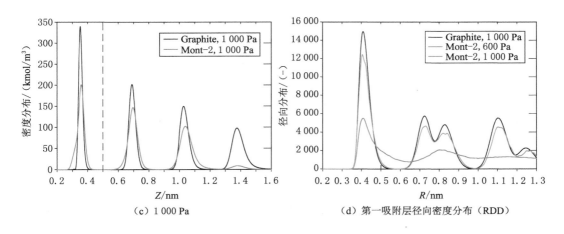

（c）1 000 Pa　　　　　　　　（d）第一吸附层径向密度分布（RDD）

图 4-4　（续）

第一吸附层密度分布可更直观地反映第一吸附层结构变化（图 4-5）。

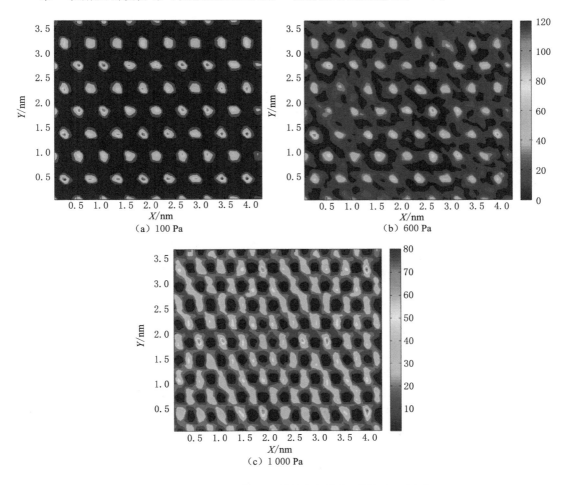

（a）100 Pa　　　　　　　　（b）600 Pa

（c）1 000 Pa

图 4-5　Mont-2 表面第一吸附层密度分布（单位：kmol/m³）

结合 Mont-2 原子结构,发现由于黏土最外侧氧原子间距较大(0.264 nm,石墨 C—C 间距为 0.142 nm),表面能量非均一性明显,$Z=0.32$ nm 时四面体六元环中心处 SF 势能较低,而随着距离的增加固体-流体相互作用势能(USF)非均一性降低,使得吸附密度中心(即吸附点位)的转移成为可能,甚至低势能处发生变化,由四面体六元环中心变为 Si 原子正上方[图 4-6(a~b)]。100 Pa 时 Mont-2 表面甲烷密度中心与六元环中心重合,间距略大于 0.5 nm(图 4-5),与硅氧四面体六元环结构常数(0.528 nm)相符,因而在吸附初始阶段甲烷分子"镶嵌"于六元环中心,且与固体表面距离较近(图 4-4)。

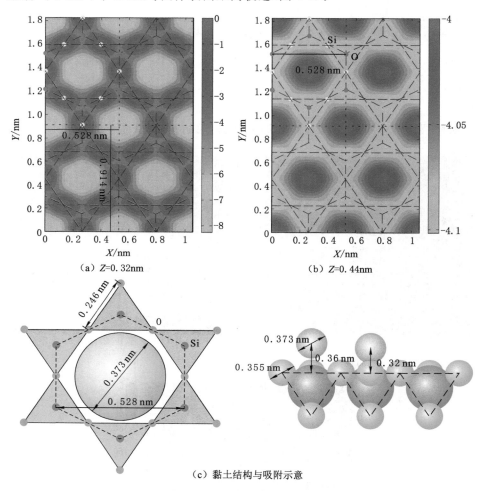

(a) Z=0.32nm (b) Z=0.44nm

(c) 黏土结构与吸附示意

图 4-6 Mont-2 平面势能分布变化($U(-)$)

而由于六元环晶格常数($L_c=0.528$ nm)远大于极限情况下紧密排列的甲烷分子间距($2^{1/2}\sigma_{ff}=0.418$ nm),在该点位无法形成稳定的致密吸附层,随着压力的增加,甲烷分子继续进入第一层以获得更低的系统能量。压力增加至 600 Pa 时,吸附相结构仍较松散,密度中心不变,但中心密度相对 100 Pa 时降低,而周围密度增加;结合纵向密度分布,甲烷分子此时更倾向排布于 0.36 nm 处(即氧原子与甲烷分子质心距离),并吸引部分更靠近固体表面的原子至 0.36 nm,从而导致 0.32 nm 处密度降低,相应地由流体间作用势能(UFF)贡献的吸附热增加,而固体-流体(USF)降低[图 4-3(b)],从而使系统能量进一步降低。

至 1 000 Pa,径向密度曲线上第二峰分化成两个肩峰,表明第一层已形成稳定的固相[图 4-4(d)],忽略底层黏土结构,依据甲烷结构调整排列方式,以达到最大密度。吸附相密度中心间距约 0.42 nm(图 4-5),与甲烷结构相符($2^{1/2}\sigma_{ff}=0.418$ nm)。

系统内流体的能量分布随压力的变化可更好地反映吸附过程中流体、固体相互作用演变(图 4-7)。Mont-2 表面能量非均一性较强,SF 能量分布随吸附量发生明显改变:100 Pa 时第一层仍处于 2 维液相阶段,SF 能量分布集中于表面势能更低的位置,表明流体优先吸附于黏土六元环中心并距离表面较近,而后 1 000 Pa 时由于吸附层的致密化,分子吸附位置忽略底层固体结构,并且吸附层密度中心略微远离表面,SF 能量分布上的响应为峰位的右移,与 LDD(图 4-4 密度中心较 100 Pa 时远离表面,导致 SF 能量升高)趋势一致,随压力的增加吸附位置由六元环中心移出以形成紧密排列,该现象为吸附热曲线中 SF 分支在第二层尚未形成时就快速降低的原因[图 4-3(b)],剩余两个峰分别对应 1 000 Pa 时的第二、第三吸附层。

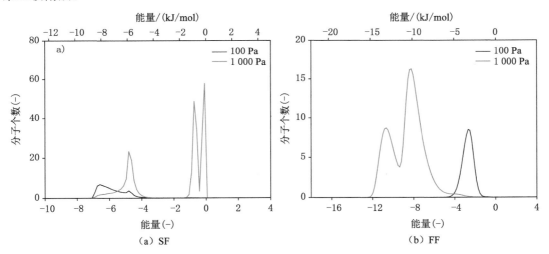

图 4-7　Mont-2 黏土 100 Pa、1 000 Pa 能量分布(77 K)

一对流体分子间相互作用力最低为 -1(-),Mont-2 在 100 Pa 下第一层仍较为稀疏,流体间作用力处于较弱水平,FF 峰位表明每个流体分子周围平均只有 3~4 个左右的流体;1 000 Pa 时 Mont-2 表面为 3 个吸附层且第一层致密化,相应的 FF 能量分布上两个峰值分别对应第二层(-11 (-))及第一、三层(-8 (-)),且流体分子均处于引力作用范围内。

其余黏土结构与 Mont-2 相似,因而吸附曲线表现出类似的形态:随压力增加由气相快速增长成二维液相,并随压力的增加液相密度持续增加;表面形成多层吸附后在压力的作用下第一层液相进一步致密化形成稳定的固相。而由于固体结构的差异,各黏土第一层致密固相密度略有差异,但均与理论密度相近。

(2)超临界条件

超临界条件下由于气相密度较大,因而公式中第二项 $\rho_g \times V_{Acc}$ 无法忽略。为避免气相密度在计算时引起误差,在 Z 向上使用两个相隔较远的独立表面而非无吸附性能的表面,以保证系统在吸附时各表面独立吸附,并获得准确的气相密度,计算时仅考虑虚线内系统[图 4-8(a)],视之为开放表面系统。

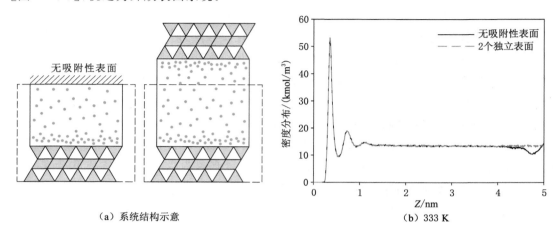

(a) 系统结构示意   (b) 333 K

图 4-8   超临界条件下吸附系统

由图 4-9(c)可知,超临界条件下吸附层峰形明显变宽,但第一吸附层范畴(第一峰与第二峰密度最低处)厚度仍可划分于 0.5 nm 左右。密度分布曲线上靠近表面的第二个峰附近,系统内流体密度存在波动,但在游离态密度上下的面积可相互补偿,因此过剩吸附量主要由<0.5 nm 的流体贡献。第二峰可视为游离态分子在遇到近表面的稠密吸附相的反弹。超临界条件下第一层范畴内(<0.5 nm)的流体密度远低于低温条件,且并未出现如低温条件下典型固体结构[图 4-9(d)],仍为较为弥散的随机排布。

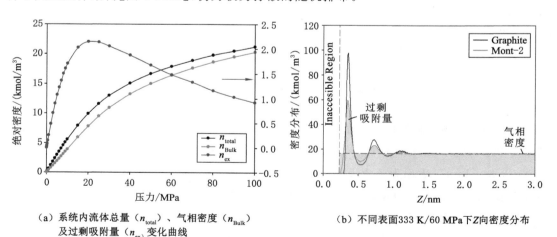

(a) 系统内流体总量(n_{total})、气相密度(n_{Bulk})   (b) 不同表面333 K/60 MPa下Z向密度分布
及过剩吸附量(n_{ex})变化曲线

图 4-9   超临界条件下吸附结果及特征分析

(a) Mont-2 系统内流体总密度(n_{total})及气相、过剩吸附量(n_{ex});

(b) 系统 Z 向内密度分布及过剩量;(c) 系统 Z 向密度分布对比;(d) c 中对应的径向分布

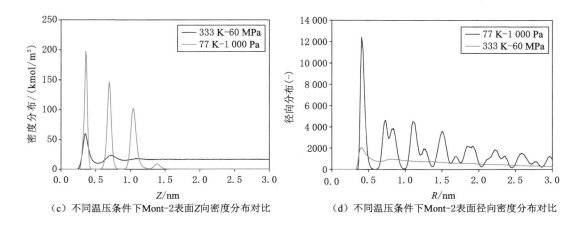

（c）不同温压条件下Mont-2表面Z向密度分布对比　　　（d）不同温压条件下Mont-2表面径向密度分布对比

图 4-9 （续）

高温条件下甲烷流体的运动受热扰动影响明显，因而流体的排列不会很好地遵循固体-流体（SF）作用能量规律。在 333 K 低压阶段，黏土表面 0.5 nm 范畴内流体密度分布相对弥散（图 4-10），随压力增加（10 MPa），黏土表面流体密度整体增加，但仍远小于低温条件下。

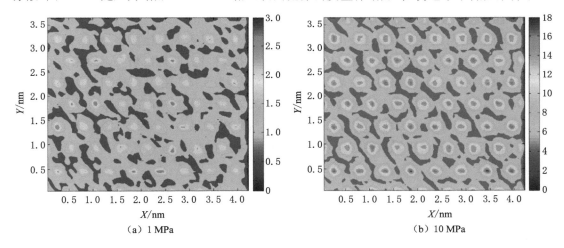

（a）1 MPa　　　　　　　　　　　　　　　　　（b）10 MPa

图 4-10　超临界条件下（333 K）Mont-2 黏土表面 0.5 nm 范畴内密度分布

由于超临界条件下大量分子为气相，因而对 Mont-2 的对比研究仅关注 0.5 nm 范畴以避免干扰，同时也给出了 1 MPa 下的总系统能量分布以便对比（图 4-11）。

与 Mont-2 在 77 K 时的粒子能量分布相比，最明显的为粒子数量的降低，即温度升高吸附量降低。SF 能量峰位并未如 77 K 时随系统内流体的量的增加而发生改变，仅随流体的量增加而幅度有所增长，表明流体对吸附位置的选择性变弱；0（一）处的小峰表明部分分子已经可侵入模拟中定义的不可侵入空间（SF 零势能面以内），而系统的总体 SF 能量分布（1 MPa-Box）表明大部分流体分子远离吸附质为自由气相。流体-流体（FF）作用能量分布与 77 K 时的差异较大，1 MPa 时系统内流体仍较为稀薄，分子间距离较远因而有大部分流体间作用力落入 0（一）处；而随着压力的增加，更多的流体进入系统从而导致流体间距离降

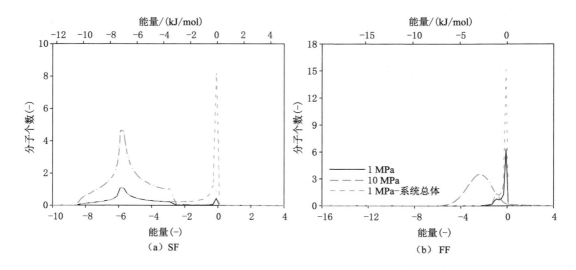

图 4-11 Mont-2 在 333 K 时 1 MPa、10 MPa 下的能量分布

低(即 UFF 峰位左移),但 U(−)>0 的粒子数量明显增加,表明部分流体分子间已经进入斥力作用范围。

从吸附热的角度可更明显地得出低温/超临界条件下吸附成层性的差异(图 4-12)。吸附量趋近于零时,固体-流体作用力(SF)为吸附热的主要来源,即与初始吸附热相关。77 K 下随着压力的增加,SF 贡献的吸附热几乎保持恒定且接近于甲烷-黏土作用势能的最低值(9 kJ/mol),至 10 Pa 时,黏土表面已经吸附一层流体分子,此时 SF 吸附热仍保持初始水平,表明低温下流体吸附与表面距离大体一致,即吸附的成层性,而后 SF 吸附热的降低与图 4-6、图 4-7 所反映的吸附层结构调整有关;SF 吸附热在 800 Pa 时快速降低对应的则为第二层的形成。

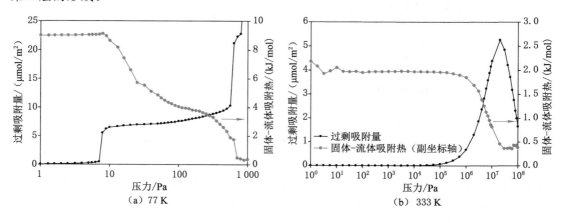

图 4-12 77 K、333 K 下过剩吸附量与 SF 吸附热随压力变化

而 333 K 下,与低温时最明显的差异为初始吸附热的降低(由 9 kJ/mol 到 4.5 kJ/mol),与图 4-11 反映的一致;吸附开始时,SF 吸附热随着过剩量的升高而同步降低,过剩量达到最大

后 SF 吸附热在小范围内波动且幅度与低温下第二吸附层 SF 热相当,表明超临界条件下流体吸附于表面时,其位置在 Z 向上波动较大,高压下进入系统的流体已落入第二层范畴内。

压力<10 MPa 时,各黏土类型的过剩吸附量随压力逐渐增加,吸附曲线形态符合 I 型吸附曲线的低压阶段,但由于超临界条件下并不符合朗缪尔或 DA/DR 吸附的基本假设,因而对过剩量使用 I 型曲线拟合所得的朗缪尔常数等参数缺乏实际物理意义。模拟结果表明,同等条件下,过剩吸附量随温度的升高而降低[图 4-13(a)];而各固体对甲烷的吸附亲和力与低温条件下所反映的趋势大体一致,即石墨吸附亲和力大于无机组分,差异同样随着压力的增加而降低(图 4-14);而无机组分中各类型吸附亲和力差异较小,伊利石、绿泥石相对较弱,石英最弱。

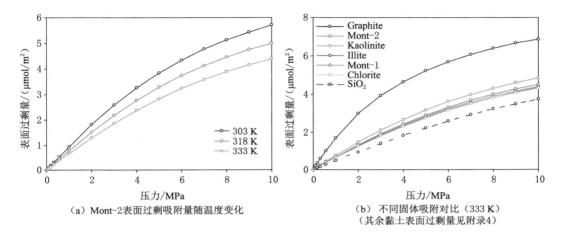

（a）Mont-2 表面过剩吸附量随温度变化 　　（b）不同固体吸附对比（333 K）
　　　　　　　　　　　　　　　　　　　　　　　（其余黏土表面过剩量见附录4）

图 4-13　超临界条件下开放表面模拟结果

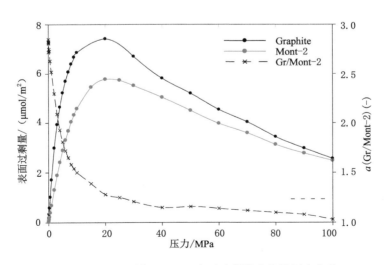

图 4-14　无限石墨与 Mont-2 表面过剩量比值随压力变化

固体的吸附亲和力与其结构有关,黏土 TO/TOT 结构最外层为硅氧六元环,而使用的 ClayFF 势能中仅 O 原子具有较强的 VdW 势能,由 Crowell-10-4 公式可知,SF 势能与最外层氧原子密度及势能紧密相关,即 $\varphi_{sf} \propto \rho\sigma_{sf}^2 \times \varepsilon_{sf}$。参与计算的固体结构最外层原子密度见表 4-2,其密度变化与吸附亲和力变化大体一致。石墨的表层原子密度为 38.2 nm^{-2},虽然碳原子色散力较弱,但由于较大的表面原子密度从而具有较强的吸附亲和力。伊利石、石英结构吸附亲和力较弱是由于最外层氧原子结构 Z 向上分层分布(附录 2),弱化了 SF 势能。

表 4-2　石墨、黏土结构表层原子参数对比

结构	$\rho/(nm^{-2})$	σ/nm	ε/K	$\rho\sigma_{sf}^2 \times \varepsilon_{sf}$
石墨	38.2	0.34	28.0	312.53
高岭石	13.07			186.28
伊利石	4.31			61.43
绿泥石	12.20	0.355	78.18	173.88
蒙脱石-1	12.32			175.59
蒙脱石-2	12.43			177.15
石英	7.94			113.16

对比低温与超临界条件下甲烷在不同结构上的吸附特征,以石墨为代表的强亲和力表面在低温与高温条件下过剩吸附量随压力增长较快,黏土等无机组分增长相对较慢,温度的效应主要体现为固体近表面处流体密度的降低,以及温度升高,分子动能增加。但单层范畴内可容纳的流体有限,低温下理论值为 10.99 μmol/m^2,高温下吸附相密度大幅度降低且远小于低温条件下的密度,过剩量由 0.5 nm 范畴内的流体贡献,压力相对较低时(100 MPa),表面过剩量最大值也小于单层可容纳流体的量的理论值。

由于超临界条件下各黏土结构对甲烷吸附性能差异性较小,因而在后文使用研究程度较高的 Mont-2 作为黏土矿物的代表分析结构对吸附的影响。

4.1.2　平行板状孔

除固体物质结构外,孔隙结构是影响吸附能力的另一重要因素。孔径较小时流体受两侧固体叠加影响(图 4-15),因而在小孔内流体受固体吸引较强,而孔径过小时(如 0.65 nm),

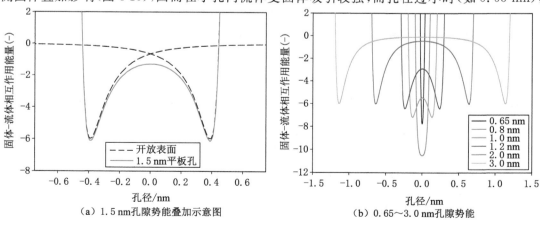

（a）1.5 nm孔隙势能叠加示意图　　（b）0.65～3.0 nm孔隙势能

图 4-15　平行板状孔内势能分布

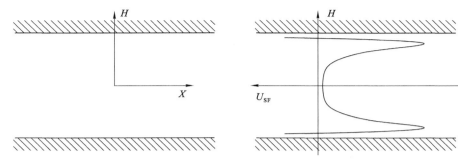

（c）平行板状孔结构示意图

图 4-15 （续）

孔隙中点处仍为排斥力影响范围，因而 SF 势能较小［图 4-15（b）］，若孔径继续减小则由孔隙内斥力主导，流体无法进入孔隙。

超临界条件下平行板状孔内吸附情况表明，小孔径内受两侧 SF 作用叠加影响明显，过剩量随压力增长更快，因而在微孔阶段孔隙吸附更早达到最大过剩量，而孔隙空间有限，最大过剩量较低；随着孔径的增加，吸附曲线形态逐渐趋近于开放表面（图 4-16）。

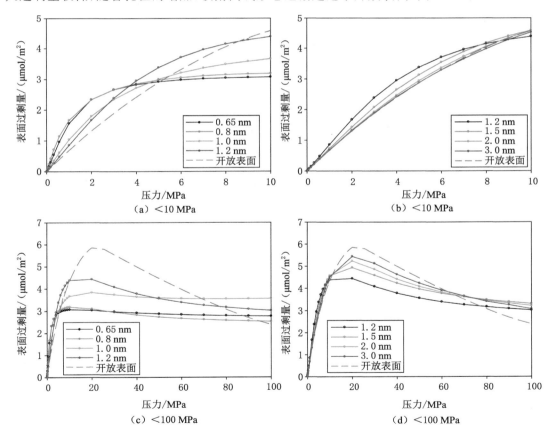

图 4-16 超临界条件下平行板状 Mont-2 黏土不同孔径模拟结果（333 K）

　　研究孔隙表面过剩吸附量随孔径与压力的变化可更直观地理解超临界条件下的吸附过程。如图 4-17 所示,低压时(1 MPa),微孔范围内的过剩量高于介孔-开放平面,与孔壁对流体的作用势能叠加有关。而后随着压力的增加,介孔、大孔的过剩量开始快速增长,在 20 MPa 附近达到最大过剩量,此时开放平面的过剩量为微孔的 1～2 倍。而后随着压力的增加,不同孔径的过剩量差异再次降低,至 100 MPa 时过剩量与低压下的 5 MPa 大体相当,此时系统内流体的量主要由游离相贡献。

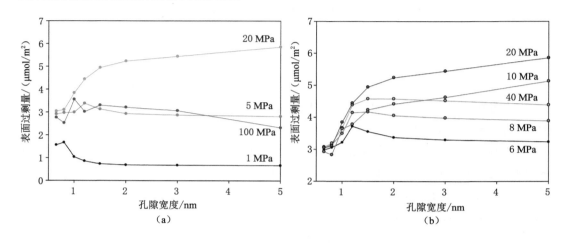

图 4-17　不同孔径孔隙表面过剩量随压力变化(5 nm 处为开放平面)

　　与高温下的开放表面相同,由于系统温度较高,受热扰动影响吸附相并未如低温条件下显示出明显的点位选择性。随压力的增加,Z 向上密度中心保持稳定,靠近黏土表面的 0.5 nm 范畴内流体密度稳定增加。微孔范围内($H < 2.0$ nm)孔隙内吸附层仍存在相互影响[图 4-18(a)]。以 1.0 nm 为例,压力增加,吸附层密度增长,而孔隙中间密度降低,其原因与压力增加导致流体的量增加,层间粒子相互排斥作用明显有关。1.5 nm 时单侧吸附流

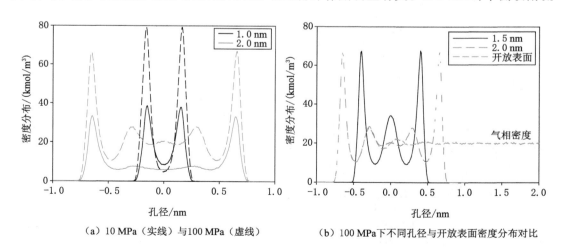

（a）10 MPa（实线）与 100 MPa（虚线）　　　（b）100 MPa 下不同孔径与开放表面密度分布对比

图 4-18　超临界条件下(333 K)平行板状孔密度分布

体最大密度与 1.0 nm 时相比降低,表明随孔径的增加,对侧固体对吸附结果的影响逐步减弱。至 2.0 nm 时,孔隙内单侧密度分布与开放表面近表面处结果基本一致[图 4-18(b)],孔隙中部流体密度大小与气相密度吻合。

4.1.3 实验拟合

为检验拟合结果,对纯黏土样品进行等温吸附及配套液氮吸附、X 射线衍射实验,以获得相应的孔隙结构参数与黏土矿物纯度。等温吸附测试温度为 60 ℃(333 K),实测结果如表 4-3、图 4-19 所示。

表 4-3 等温吸附测试及孔径结构测试结果

高岭石(63.0%)*			蒙脱石(92.1%)		
表面积1:5.30	总孔体积1:0.016		表面积1:40.15	总孔体积1:0.083	
表面积2:3.97	总孔体积2:0.001		表面积2:35.66	总孔体积2:0.011	
p/MPa	$n_{ex}/(cm^3/g)$	$n_{ex}/(\mu mol/m^2)$	p/MPa	$n_{ex}/(cm^3/g)$	$n_{ex}/(\mu mol/m^2)$
0.492	0.046	0.222	0.492	0.668	0.393
0.991	0.082	0.392	0.991	1.262	0.743
1.492	0.125	0.602	1.991	2.197	1.294
1.991	0.166	0.799	3.482	3.214	1.893
2.98	0.236	1.136	4.46	3.718	2.19
3.981	0.310	1.491	6.464	4.468	2.631
5.96	0.384	1.850	7.962	4.894	2.882
7.959	0.431	2.077	绿泥石(69.3%)		
9.968	0.449	2.165	表面积1:6.65	总孔体积1:0.028	
11.971	0.459	2.209	表面积2:9.93	总孔体积2:0.004	
13.976	0.463	2.228	p/MPa	$n_{ex}/(cm^3/g)$	$n_{ex}/(\mu mol/m^2)$
15.982	0.476	2.291	0.492	0.047	0.127
16.966	0.476	2.290	0.991	0.092	0.248
17.969	0.475	2.287	1.991	0.175	0.471
18.967	0.472	2.275	3.48	0.275	0.74
19.97	0.470	2.266	4.459	0.339	0.913
			6.461	0.438	1.179
			7.961	0.479	1.29

* 括号内为主要黏土成分比例,其余杂质主要为石英、菱镁矿表面积(m^2/g)、总孔体积(cm^3/g)上标 1/2 分别为液氮(>2 nm)与二氧化碳(<2 nm)实验所得。

吸附量统一至单位表面积的过剩量后(图 4-19 主坐标轴),其趋势与其余学者研究结果大体一致,即蒙脱石表面过剩量较高,高岭石、绿泥石较弱,但差异与以 cm^3/g(图 4-19 副坐标轴)为单位时明显缩小。通过二氧化碳-液氮微孔结构测试,几种结构黏土中孔隙结构分布如图 4-20 所示,其趋势与前述分析一致:蒙脱石表面积较大,单位质量的岩石过剩吸附量较高,同时微孔较为发育,低压阶段过剩量上升较快。

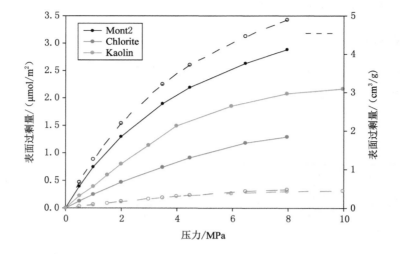

图 4-19 实测黏土矿物吸附结果(333 K)

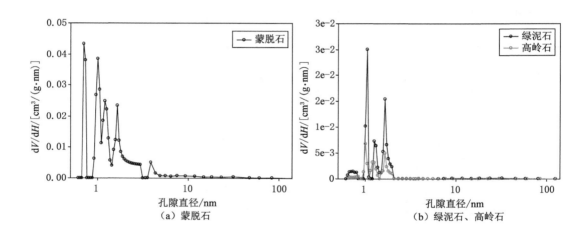

（a）蒙脱石　　　　　　　　　　　　（b）绿泥石、高岭石

图 4-20 纯黏土样品内孔隙分布

以纯度最高的蒙脱石为例,实验值与模拟值对比结果如图 4-21 所示。与实验值相比,模拟结果明显高于实验值,但低压阶段实验值上升较快,这与孔隙结构有关,流体在微孔内的吸附曲线随压力增长较快,实测曲线吸附量低压阶段内的快速上升是样品内微孔大量发育的结果。

其余黏土矿物实测吸附量与开放表面模拟结果相比,实测值均明显低于模拟值(图 4-22),其原因将在第 5 章探讨。

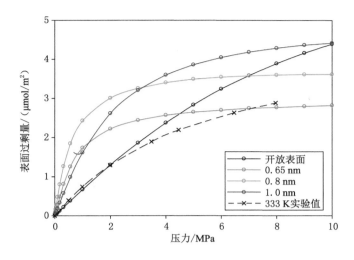

图 4-21 蒙脱石实测等温吸附与模拟结果（333 K）

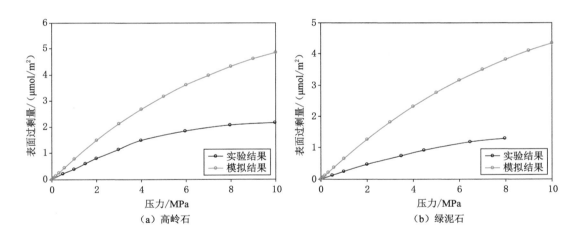

（a）高岭石 （b）绿泥石

图 4-22 黏土矿物实测吸附量与纯矿物开放表面模拟对比（333 K）

4.2 有机组分

大量资料表明有机组分对页岩吸附起到积极作用。4.1 节中与黏土吸附对比的无限均匀石墨结构为 $X/Y/Z$ 方向上均无线延展的理想模型，而页岩中有机质往往零散分布，因而在考虑页岩中有机质时使用无限的石墨结构代表性较差。在讨论有机组分对吸附能力的影响时，使用了理想化的有限均质石墨层（patch layer）结构和实际的高演化程度干酪根模型。干酪根模型使用表征高-过成熟度的 Wender 模型，选用该模型是由于其在三维空间内可建立较为平整并可周期性重复的结构，使两个系统内碳原子比重大体一致，几何优化后的 Wender 模型如图 4-23 所示,原子坐标见附录 3。原子参数(表 4-4)取自相同化学环境的 Trappe-UA 模型[203,226-227]。

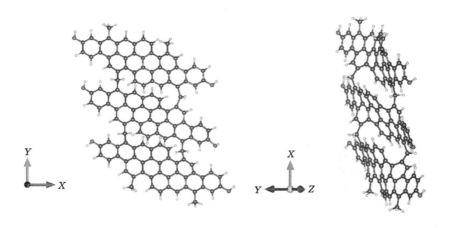

图 4-23　Wender 模型几何优化结构

表 4-4　干酪根模型原子参数

原子	位置	σ/nm	ε/K	q
1—CH₃	[CH₃]—R	0.375	98.0	—
2—CH₂	R—[CH₂]—R	0.395	46.0	—
3—CH	CH+[CH]+CH	0.369 5	50.0	—
4—C	CH+[C](+C)+CH	0.37	30.0	—
5—C	C—[C](+C)+C	0.34	28.0	—
6—C	CH+[C](+CH)+R	0.388	21.0	—
7—C	CH+[C](+CH)—OH	0.388	21.0	+0.2
8—O	C—[O]—H	0.307	78.2	−0.64
9—H	—O—[H]	0.01	0.01	+0.44

石墨层结构为 2 nm×2 nm 时,相当于含 C 原子 152.8 个,相对分子质量为 1 833.6;Wender 模型扩展 3 倍后化学式为 $C_{134}H_{68}O_6$,相对分子质量为 1 772。虽然 C 原子数量较少,但 O 原子势阱较大,此时二者对气体作用强度大体相当。

4.2.1　石墨层

实验与模拟结果均表明,石墨层与黏土矿物相比具有更高的吸附亲和力(图 4-24)。无限石墨(Graphite)与黏土相比具有较高的表面原子密度,低压阶段过剩量增长较快,相同外部条件下,石墨表面具有更高的甲烷浓集密度;而当石墨尺度有限时(2 nm×2 nm),由于起到吸附作用的固体原子大幅减少,即导致气体吸附的固体-流体相互作用能来源减少,低温/高温条件下固体表面甲烷浓集密度降低,仅略大于 Mont-2 黏土(图 4-25)。

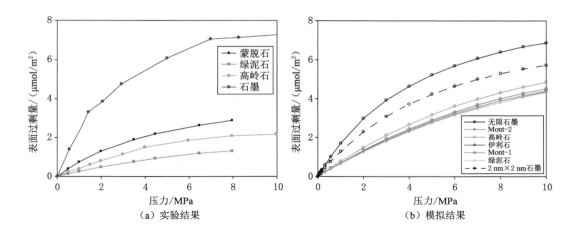

图 4-24　无限/有限石墨及黏土矿物等温吸附结果

（石墨实验结果来自 Specovius & Findenegg[130]）

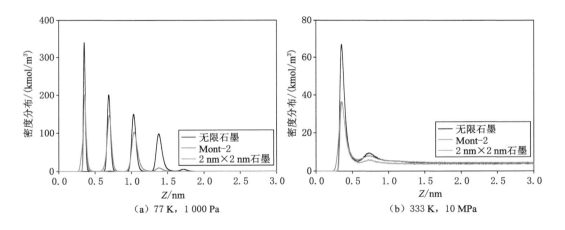

图 4-25　Mont-2 黏土与无限/有限石墨吸附密度对比

4.2.2　干酪根

与石墨、黏土矿物等层状结构不同,干酪根模型在结构优化后具有一定的 3 维立体结构,因而将干酪根结构置于 4.224 nm×3.656 nm×5.0 nm 系统中心,通过网格化计算 Wender 模型的结构参数[117],系统的可侵入体积为 54.48 nm³,结构零势能面面积,即表面积为 35.10 nm²,固体-流体势能曲线如图 4-26 所示。

石墨结构对甲烷分子的最大作用势能约为 -9(—),由于干酪根结构的不均一性,在结构的中心区域干酪根对甲烷的作用势能可大于石墨,而系统边缘干酪根与流体作用势能则较弱,导致干酪根结构对甲烷的吸附能力整体弱于石墨平板[图 4-27(a)]。

干酪根吸附的密度曲线[图 4-27(b)]表明该结构对甲烷的吸附能力较低,100 MPa 时

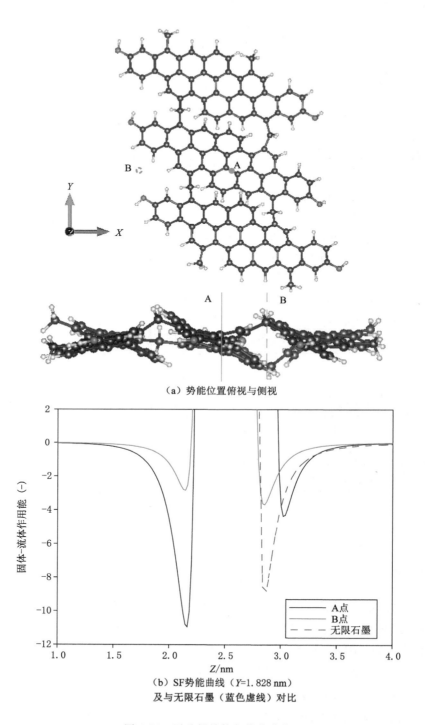

（a）势能位置俯视与侧视

（b）SF势能曲线（$Y=1.828$ nm）
及与无限石墨（蓝色虚线）对比

图 4-26　干酪根结构与势能曲线

干酪根结构外围流体密度仍处于较低水平（相同温度下 Mont-2 在 60 MPa 最大密度为 60 kmol/m³）。

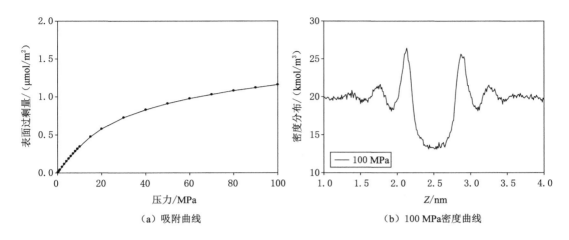

（a）吸附曲线   （b）100 MPa密度曲线

图 4-27   干酪根结构对甲烷吸附结果（333 K）

模拟采用的干酪根结构空间占位约为 2.25 nm×2.63 nm×0.49 nm，以空间占位外框为参考的表面积为 16.62 nm²，但其零势能面面积为 35.10 nm²，为空间占位外框表面积的 2 倍。干酪根较大的表面积来源于空间结构的扭曲，在原子密度较高处（图 4-26 点 A），碳六元环片段向下弯曲，形成较高的原子密度，当流体位于弯曲片段内侧时可在局部形成较高的固体-流体（SF）作用势能；当流体位于弯曲片段外侧时，流体仅与凸起部位原子相互作用，SF 势能较弱且零势能面扩张明显。即干酪根结构的空间扭曲虽可以增加结构的表面积，但扭曲引发的密度变化并未明显增加干酪根结构的吸附亲和力。同时空间扭曲会导致官能团的暴露，虽然官能团势阱较大，但由于其往往孤立于高原子密度片段之外，边界效应明显（图 4-26 点 B），同时形成大量的表面积，从而导致结构过剩吸附量的降低。对于吸附有利的结构应为表面平滑、原子密度高的结构。

利用系统的势能分布可更好地分析系统内的能量变化，但由于干酪根结构的不规则性，难以划分出稳定的吸附范畴，因此势能分布展示的为系统内所有流体；为避免不同压力下流体的量的干扰，对系统内流体的量归一化处理（即式（2-20）未乘以＜N＞）。与 Mont-2 黏土一致，同样选择了 333 K 下的 1 MPa 与 10 MPa（图 4-28）进行分析。系统内存在低 SF 势能点（图 4-26），其势能甚至低于无限石墨，但整体上还是处于较弱的水平。与 Mont-2 在 333 K 一致，SF 的能量分布并未随吸附量的增加而有所改变，即未优先吸附于强点位，绝大部分流体分子与干酪根的相互作用处于较弱的阶段（0（-））；FF 势能分布与 Mont-2 在 333 K 相同，低压下气相较为稀薄，流体相互作用较弱，高压下分子距离缩小，FF 作用增加，但也有部分流体分子间作用力进入斥力范围（＞0（-））。

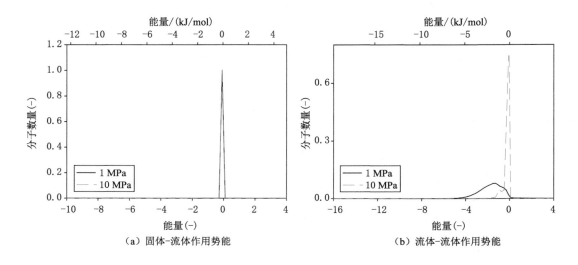

（a）固体-流体作用势能 （b）流体-流体作用势能

图 4-28　Wender 结构在 333 K 时 1 MPa、10 MPa 下能量分布

4.3　复合系统

4.3.1　系统结构

　　为探讨有机组分在吸附系统中的贡献，建立模拟了黏土平行板孔与有机组分复合结构（图 4-29）。有机质最终的热演化形态为石墨，模拟系统中将有机组分视为平行于黏土表面的有限石墨层，且其位置可在 Z 向可变。

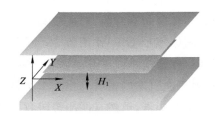

图 4-29　吸附系统示意图

4.3.2　结果

　　（1）夹层位置

　　石墨层面积保持 2 nm×2 nm，位置可变，如系统为 $H=3.0$ nm 的平行板孔，石墨层距下表面为 0.65 nm，则该系统计为 H-3.0-0.65 nm 系统，系统 SF 能量剖面与叠合示意如图 4-30 所示。

　　对比不同孔径下石墨层距下表面为 0.65 nm、$H/2$ nm 时的吸附结果（图 4-31），发现石墨层位于 $H/2$ 时的吸附量高于石墨与黏土表面相距 0.65 nm 时的吸附量，与平行板状孔分析相符。

　　微孔范畴内，限制吸附量的主要为孔隙空间。黏土表层氧原子直径为 0.355 nm，石墨层 C 原子直径为 0.34 nm，氧原子与石墨层相距较近时（如 $H=0.65$ nm）存在部分流体无法进入的空间（图 4-32），随着石墨与黏土层距离的增加，流体可进入空间释放。

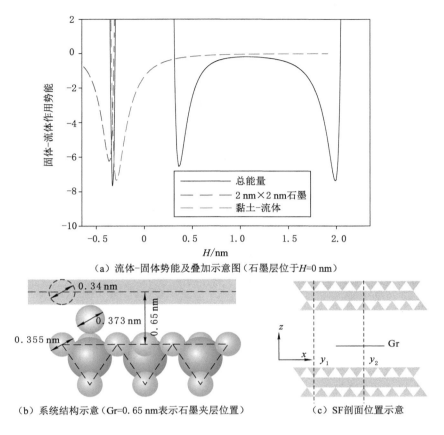

（a）流体-固体势能及叠加示意图（石墨层位于H=0 nm）

（b）系统结构示意（Gr=0.65 nm表示石墨夹层位置）　　（c）SF剖面位置示意

图 4-30　H-3.0-0.65 nm 系统

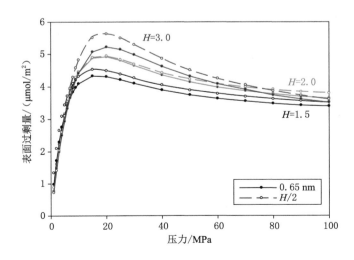

图 4-31　不同孔径下石墨层位置对吸附结果影响（石墨层距下表面 0.65 nm 及 $H/2$）

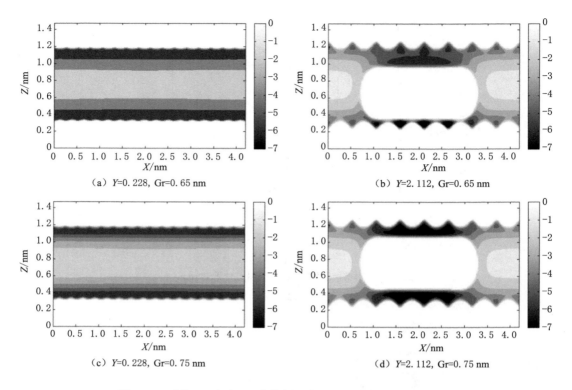

(a) Y=0.228, Gr=0.65 nm

(b) Y=2.112, Gr=0.65 nm

(c) Y=0.228, Gr=0.75 nm

(d) Y=2.112, Gr=0.75 nm

图 4-32　系统 XZ 方向 SF 势能剖面(以 H=1.5 nm 平板孔为例)

（2）夹层面积

保持平行板孔孔径 3 nm 时,分别于孔隙正中建立 1 nm×1 nm,1.5 nm×1.5 nm,2 nm×2 nm 的石墨薄层,以研究表面积对过剩量的影响。

由系统固体-流体作用势能曲线变化可知,随着石墨层面积的增加,石墨层固体-流体作用势能增加有限(图 4-33);随着夹层面积的增加,系统的表面过剩量有所增加;但与纯黏土

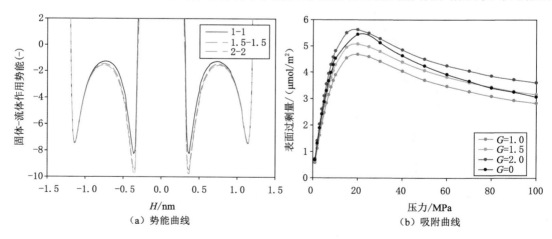

（a）势能曲线

（b）吸附曲线

图 4-33　不同面积石墨片段 H=3.0 nm 孔隙的作用势能与吸附压力影响

系统对比,含有有机结构夹层的系统表面过剩量增幅亦较小,而对于较小的石墨夹层 (1 nm×1 nm,1.5 nm×1.5 nm),石墨层对吸附量的贡献被其对系统表面积的贡献抵消, 因而导致其表面过剩量反而低于无石墨夹层的平行板孔。而对于表面积相对较大的结构 干酪根而言,有机质弱表面对过剩吸附量的稀释会明显,即需要较大的 TOC 含量以达到较 强的单位吸附能力。

4.4　小结

本章探讨了页岩系统中对吸附贡献明显的无机组分与有机组分,及其复合结构对甲烷 的吸附效应。超临界条件下甲烷流体无法形成低温条件下紧密的成层排布,平面上排列松 散,密度也远低于低温条件下的。超临界条件下不同的吸附质(黏土、无限石墨)在压力小 于 100 MPa 时,表面过剩量均在一个数量级内,均小于低温条件下单层理论最大吸附量 (10.99 $\mu mol/m^2$),其中无限石墨略高于无机组分,而无机组分中黏土间的差异并不明显, 石英略低于黏土矿物。造成该现象的主要原因在于吸附质表面原子密度的不同,石墨表面 原子密度高于无机组分的。而当石墨结构尺度有限时,其对甲烷流体的吸附亲和力与无限 结构相比有所降低。干酪根结构对甲烷流体也有一定的吸附能力,但由于干酪根片段较 小、边界效应明显而相对较弱,同时具有较大的表面积,均导致了其较低的表面过剩量。

流体的吸附为一个动态的过程,低温时(亚临界)流体的吸附尚能遵循固体-流体作用势 能趋势,即优先吸附于低势能处,但随后吸附层结构调整流体会忽略固体能量分布而获得 紧密排列。超临界条件下由于分子动能较大,流体难以稳定地停留在低势能处,因而固体 的能量分布对吸附点位影响较小,固体-流体作用势能分布并不像低温时随吸附量发生明显 改变,表明吸附并非按照吸附位能量大小依次进行。

在黏土-石墨夹层复合系统内,当不同结构相距过近时会造成空间的孤立与封闭,从而 导致过剩量的降低。尽管有限尺度石墨吸附能力大于黏土,而当石墨夹层面积较小时,其 对过剩量的贡献小于对系统表面积的贡献,导致表面过剩量反而低于无石墨夹层的情况。 同样的,对于复杂的有机结构,虽然表面存在强于无限石墨的点位,当整体强度较弱且存在 大量弱表面时,其吸附量增加相对较慢。对吸附有利的结构应具有表面原子密度高、结构 平整且连续分布的特点,同时孔径分布合理,避免微孔由于孔隙空间有限而造成的过剩吸 附量的下降。

5　页岩吸附效应

　　等温吸附实验中经常出现倒吸附现象,即随着压力的增加,实测表面过剩量不升反降。在资源评价过程中,该现象对储层含气量的估算带来了较大的误差,虽不断有学者对该现象进行校正,但方法或未遵循该现象出现的原因,或由于过程较为精细,于工业应用上难度较大。关于校正目标,若校正为绝对吸附量,在估算游离气含量时需减去吸附相所占空间,而吸附相所占空间是一个随温压条件、固体结构而变化的未知量,因此绝对吸附量在应用上有难以克服的困难(图1-4)。而过剩吸附量是针对流体的可侵入空间计算所得的,流体的可侵入空间可直接作为游离气的赋存空间参与计算,因而过剩吸附量应用更为方便。本章致力于解释出现倒吸附的理论原理与实验误差来源,并基于该原因提出针对理论过剩吸附量的校正方法。

　　吸附过程中固体对流体的吸引为吸附的原动力,而流体对固体的反作用同样会对固体结构造成影响。吸附膨胀在实验中已经证明,但分子层面的固体形变原因仍有待分析,同时在不同固体情况下吸附形变随压力的变化趋势、形变极限及应力的分配均有待研究。

5.1　页岩实验倒吸附

5.1.1　倒吸附原因

　　(1)理论原因

　　随着压力的增加,系统内密度、气相密度均随压力的增大而增加,系统内过剩吸附量可由公式算出,即密度变化曲线(LDD)下方面积减去阴影面积[图4-9(b)]。表面过剩量(n_{ex})在高压阶段的倒吸附现象与系统密度(ρ_{total})及气相密度(ρ_g)增速有关,过剩量最大时ρ_{total}与ρ_g增速相同,此后随着压力的增加,气相密度增速较快,导致过剩量降低。超临界条件下吸附并不呈现出典型的成层吸附,LDD上虽出现多个峰值,但在气相密度上下面积相互补偿[121],因而超临界条件表面过剩吸附主要由固体表面一层范畴内流体的吸附贡献。

　　(2)实验原因

　　除密度增速差异这一不可规避的内在因素外,实验中的自由体积标定为导致倒吸附现象的另一因素。在进行吸附实验之前,首先需要测定样品的自由体积(V_{Acc}),实际操作中使用He作为探针分子对V_{He_TK}进行标定(即$n_{ex}=n_{total}-\rho_g V_{He\_TK}$)。选用He气的主要原因在于He具有较弱的色散力,及较小的分子直径,可以获得更精确的自由体积。而吸附质为甲烷,其直径(0.373 nm)大于He(0.256 nm),He可侵入体积必然大于甲烷的可侵入体积(图5-1),其中黑色为固体实际表面,蓝色为康奈利表面,即流体分子与固体接触的表面,绿色为不同流体可侵入体积边界,He分子较小从而具有更贴近固体实际结构的康奈利表面,相同体系下具有更大的可侵入体积。

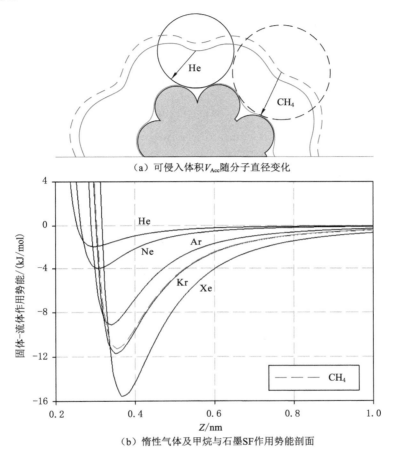

(a) 可侵入体积V_{Acc}随分子直径变化

(b) 惰性气体及甲烷与石墨SF作用势能剖面

图5-1　流体类型对可侵入体积的影响

除探针分子与研究对象半径差异引起的误差外,在He体积标定时由于其色散力较弱,假设其在固体表面无吸附,而实际上仍有一定的He在表面吸附,该部分吸附相在计算时被视为游离相,从而导致标定得到的实验值V_{He}大于理论值V_{Acc}。有效缩小误差的方法为在高温下进行He孔隙标定,即升高温度以降低吸附相的密度[123,125]。

5.1.2　倒吸附校正

实验过程中系统的自由空间由He测定,误差来源主要有两项:He与吸附气体的体积差异,及He在固体表面的吸附量带来的误差。其中He与吸附气体的体积差异导致相同系统下二者的可侵入空间差异[图5-2(a)],并形成了部分He可以进入但吸附气体无法侵入的空间;

He 的吸附量进一步增加了 He 孔隙标定所得的可侵入空间体积[图 5-2（b～c）]。

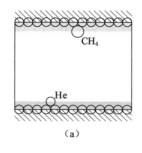 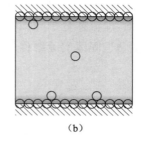 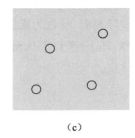

（a）　　　　　　　　　（b）　　　　　　　　　（c）

图 5-2　误差来源

验证时采用相应前述系统模拟 He 孔隙标定过程中 He 的吸附量,以重现实验中自由孔隙空间标定。模拟中可通过 MCI(Monte Carlo Integration)获得氦气的理论可侵入空间(V_{He}),以及吸附获得指定温度下系统内 He 的量,经过换算可得到该温度下系统内 He 的体积(V_{He_TK}),该体积即为实验过程中 He 孔隙标定测得的 He 标定可侵入空间。通过分析不同结构下 He 标定所得的可侵入空间与甲烷理论可侵入空间差值,反推可获得甲烷的理论过剩吸附量。

（1）开放表面

开放表面中实验的误差来源主要是 He 在固体表面的吸附造成的标定自由空间(V_{He})大于实际自由空间(V_{Acc}),开放表面系统中由于孔隙空间较大,二者分子体积的差异对结果的影响有限。升高 He 孔隙标定步骤的温度可在一定程度上降低 He 在固体表面的吸附量,从而缩小误差。Mont-2 开放表面模拟的实验吸附曲线与理论表面过剩量对比如图 5-3 所示。

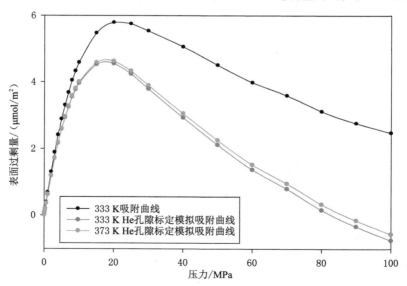

图 5-3　Mont-2 开放表面模拟的实验吸附曲线与理论表面过剩量对比

与黏土相比,石墨具有较强的吸附能力,相同的系统结构下石墨的倒吸附现象改善程度与 Mont-2 相比较为明显，原因在于石墨的吸附亲和力与黏土相比较强，He 标定过程中吸附于石墨表面的量多于黏土，相同条件下，吸附亲和力较高的介质（如石墨）表面流体密度相对较高，导致计算过剩量时使用的可侵入体积较大，因而实验值与理论值差异相对更为明显。升高 He 孔隙校正温度同样有助于校正实验误差，但程度有限。

无限石墨开放表面模拟的实验吸附曲线与理论表面过剩量对比如图 5-4 所示。

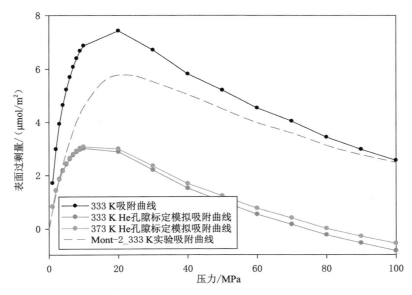

图 5-4　无限石墨开放表面模拟的实验吸附曲线与理论表面过剩量对比

（2）平行板孔

第 4 章模拟结果表明，与开放表面相比，平行板孔内的倒吸附现象更为复杂，主要原因在于孔径结构的影响。

如图 5-5 所示，对比使用甲烷自由体积（V_{CH_4}）计算表面过剩量（理论值）与使用 He 孔隙体积计算过剩量（实验值）表明，孔径越小的孔隙倒吸附现象压力越低。统计不同孔径系

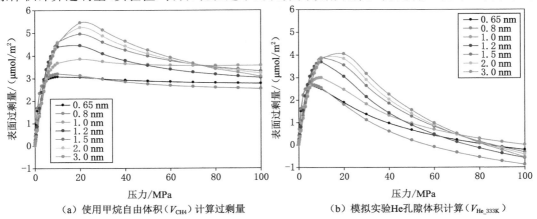

（a）使用甲烷自由体积（V_{CH4}）计算过剩量　　　（b）模拟实验He孔隙体积计算（V_{He_333K}）

图 5-5　不同 Mont-2 平行板孔理论表面过剩量与模拟实验吸附曲线

统下,依据不同方法计算所得的可侵入体积如表 5-1 所示。

表 5-1　Mont-2 可侵入体积计算结果　　　　　　　　　　　单位:nm³

孔径 /nm	系统体积 (V_{Box})	甲烷可侵入体积 (V_{CH_4})	氦气可侵入体积 (V_{He})	不同温度 He 标定体积	
				V_{He_333K}	V_{He_373K}
0.65	10.04	1.10	2.55	5.66	5.29
0.8	12.35	3.24	4.74	8.45	8.06
1	15.44	6.20	7.77	11.63	11.25
1.2	18.53	9.25	10.84	14.75	14.37
1.5	23.16	13.85	15.47	19.41	19.03
2	30.89	21.57	23.21	27.13	26.76
3	46.33	37.05	38.67	42.58	42.22
4	61.77	52.47	54.17	58.02	57.67

由图 5-6(a)可见相同孔径时,系统体积$>V_{He\_333K}>V_{He\_373K}>V_{He}>V_{CH_4}$。由于甲烷分子较大,相同系统下甲烷可侵入体积理论值(V_{CH_4})一直处于较低水平;由于气体在固体表面吸附的影响,氦气可侵入体积(V_{He})均小于不同温度下 He 孔隙标定的体积,而高温(373 K)标定体积略小于低温(333 K)标定体积。不同体积的斜率随孔径变化,为各体积变化速率[图 5-6(b)],其中系统体积(V_{Box})恒定,斜率对应为表面暴露在系统内的面积;V_{CH_4}变化速率随孔径增加而增加,不同温度下 He 标定孔隙体积随孔径增加而降低;不同计算方法所得的结果在孔隙大于 2 nm 后均趋近于系统自身体积变化速率。对<2 nm 孔隙进一步细化各个体积随孔径变化速率(图 5-7),可见微孔范围内实测孔隙体积(粉色、蓝色)与理论值(红色)的差异显著,从而导致了较大的误差,倒吸附现象更为明显;孔径大于 2.0 nm 时,标定体积与甲烷可侵入体积均向孔隙空间逼近,此时孔隙内单侧吸附结果与开放表面对比

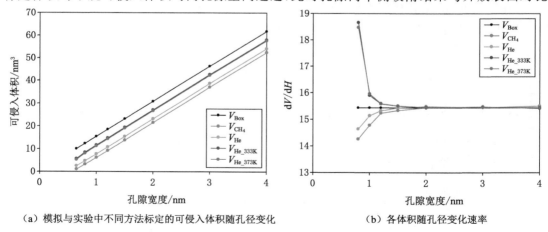

(a) 模拟与实验中不同方法标定的可侵入体积随孔径变化　　　　(b) 各体积随孔径变化速率

图 5-6　Mont-2 平行板孔可侵入体积计算结果

（图 4-18），表明孔隙空间标定的影响最为明显的是小于 2.0 nm 的微孔。

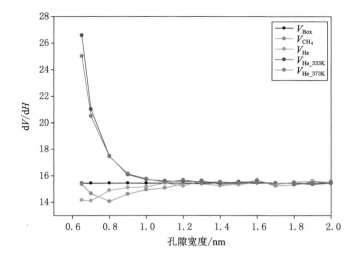

图 5-7 微孔阶段范围内不同体积随孔径增加速率（数据见附录 4）

石墨平行板孔体积标定结果与 Mont-2 黏土结果类似（除 0.65 nm 处），孔径＞2.0 nm 时不同方法计算所得的体积增幅趋于一致（图 5-8）。孔径较小时（$H=0.65$ nm），由于石墨表面原子排列紧密、均一性更强，探针流体可侵入空间小于表面原子密度较低的黏土，而黏土在两侧六元环结构相对处仍可保留一定的自由空间。

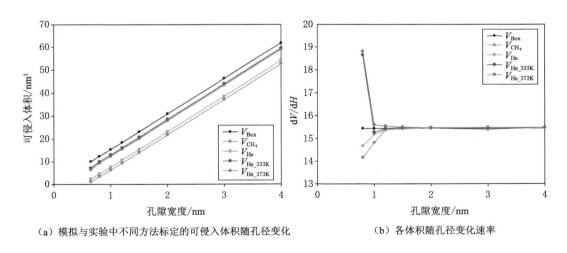

（a）模拟与实验中不同方法标定的可侵入体积随孔径变化   （b）各体积随孔径变化速率

图 5-8 石墨平行板孔可侵入体积计算结果

（3）系统校正

由表面过剩量计算公式（4-1）可得，过剩量与气相密度 ρ_g 相关，将图 5-5 以气相密度为横坐标重绘得到图 5-9。高压阶段，系统内流体总量（n_a）增加幅度有限时，过剩量（n_{ex}）近似与气相密度成正比，斜率与计算时使用的可侵入体积相关。

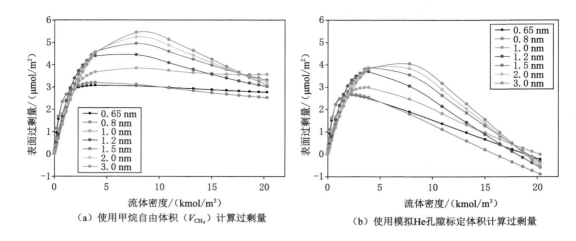

（a）使用甲烷自由体积（V_{CH_4}）计算过剩量　　　　（b）使用模拟He孔隙标定体积计算过剩量

图 5-9　平行板孔等温吸附曲线

以 $H=3.0$ nm 孔隙为例，以不同方法计算的表面过剩量对气相密度作图（图 5-10），取倒吸附阶段结果作线性分析，其延长线在 Y 轴上的截距为系统内流体的量，两种方法在 Y 轴上截距相同。

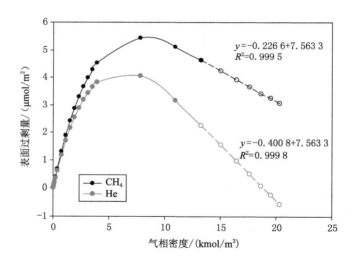

图 5-10　平行板孔（$H=3.0$ nm）依据不同体积计算的表面过剩量随自由相密度变化曲线

考察计算公式，以甲烷可侵入体积计算过剩量，$n_{ex}^{CH_4}=n_a-\rho_g V_{CH_4}$，以 333 K 时 He 孔隙标定自由体积计算过剩量，$n_{ex}^{He}=n_a-\rho_g V_{He}$，计算时系统内流体的量（$n_a$）固定，因而以甲烷可侵入体积计算过剩量为

$$n_{ex}^{CH_4} = n_{ex}^{He} + \rho_g \times \sum (V_{He}^i - V_{CH_4}^i)$$

其中，n_{ex}^{He}、V_{He} 已知，以黏土为主的吸附质中，i 表示不同孔径阶段，其对应的 V_{CH_4} 与 V_{He} 体积比可由附录 4 估算，结果见表 5-2，可见随着孔径的增加，体积的校正系数越来越趋近于 1。

式中体积加和项为不同孔径阶段 i 下 He 标定的可侵入空间与甲烷理论可侵入空间差值，在实验中该部分体积被视为游离气空间，乘以气相密度后即为实验中的误差值部分。

表 5-2　黏土矿物模拟中 He 孔隙标定体积(333 K)与 CH_4 可侵入体积比

H/nm	0.65	0.7	0.8	0.9	1	1.1
$V_{\text{He\_333 K}}/V_{CH_4}$	5.13	3.65	2.61	2.14	1.88	1.71
H/nm	1.2	1.3	1.4	1.5	1.6	1.7
$V_{\text{He\_333 K}}/V_{CH_4}$	1.60	1.51	1.45	1.40	1.36	1.33
H/nm	1.8	1.9	2	3	4	开放表面*
$V_{\text{He\_333 K}}/V_{CH_4}$	1.30	1.28	1.26	1.15	1.11	1.06

* 以 $H=6.0$ nm 平行板孔取下半部分。

首先以 4.3 节复合系统下 $H=3.0$ nm、石墨夹层为 2 nm×2 nm、位置分别位于 $H=0.65$ nm 及 1.5 nm 处的两个不同结构验证校正效果。依据不同方法计算所得的自由空间对应吸附曲线如图 5-11 所示，校正依据公式(5-1)计算，对于石墨夹层引起的孔隙结构的变化，对不同孔径的孔隙，分别计算该孔径对应的体积占总体积的比例，即

$$n_{\text{ex}}^{CH_4} = n_{\text{ex}}^{\text{He}} + \rho_{\text{g}} \times V_{\text{He\_333K}} \sum \left[(1 - 1/\alpha_i) \times V_i \right]$$

其中 α_i 为 H_i 孔径阶段内的单位孔径上，He 孔隙标定自由体积与甲烷可侵入体积的比值（ $V_{\text{He\_333K}}/V_{CH_4}$ ）； V_i 为 i 孔径阶段占系统的比例。

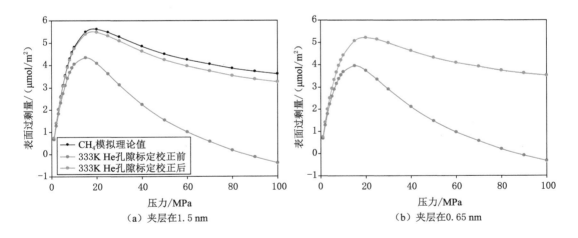

（a）夹层在1.5 nm　　　　　　（b）夹层在0.65 nm

图 5-11　黏土-石墨夹层(2 nm×2 nm)复合系统 He 孔隙空间校正前后吸附曲线(333 K)

（黑色：理论值，红色：实验模拟过剩，绿色：校正后）

由图 5-11 可见，经验值校正后可有效地反推理论值，误差的主要来源包括以下几点：① 孔径空间比例的估算；② 微孔中过剩量与开放平面随压力变化的差异；③ 物质成分的差异带来的影响，即黏土、石墨夹层/有机质对流体的作用强度的差异，校正中均使用黏土，若存在强吸附表面时对结果存在一定影响。

对于实测等温吸附结果，V_{He} 以及基于 He 作为探针分子的孔径分布均不可知，实际操作中只可使用 CO_2、N_2 测定的体积近似代表 V_{He}；同时真实样品内孔径分布范围较大，对于孔径小于 0.65 nm 的孔隙，其 V_{He_TK}/V_{CH_4} 取 5.13，而随着孔径的增加，校正系数越来越趋近于 1，因而对于 $H>10$ nm 的孔隙，校正系数取 1；落入计算范围内的孔径（0.65 nm$<H<$10 nm），其校正系数采用插值法。同时需注意 CO_2、N_2 吸附实验测得的孔径为固体结构的内侧孔径，而模拟中孔径两侧包括表层原子半径，因此对实验结果的孔径分布需加上氧原子直径（0.355 nm）。以蒙脱石为例，其阶段孔径体积增量及其校正量如表 5-3 所示，其孔隙空间为 0.094 mL/g，校正的 He 侵入体积引起的差异为 0.038 mL/g，校正后的曲线如表 5-4、图 5-12 所示。

表 5-3 蒙脱石样品孔径分布及阶段孔径校正量

H/nm	dV/dH /[cm³/(g·nm)]	alpha	V_i	H/nm	dV/dH /[cm³/(g·nm)]	alpha	V_i
0.645	0.000	5.130	0.000	1.416	0.005	1.442	0.003
0.659	0.000	4.855	0.000	1.466	0.005	1.417	0.003
0.674	0.000	4.420	0.000	1.518	0.005	1.393	0.003
0.689	0.043	3.962	0.061	1.572	0.005	1.371	0.002
0.706	0.038	3.593	0.052	1.629	0.005	1.351	0.002
0.722	0.000	3.418	0.000	1.688	0.005	1.334	0.002
0.740	0.000	3.235	0.000	1.750	0.004	1.315	0.002
0.758	0.000	3.044	0.000	1.815	0.004	1.297	0.002
0.778	0.000	2.843	0.000	3.136	0.005	1.145	0.000
0.798	0.006	2.634	0.007	3.364	0.000	1.135	0.000
0.819	0.027	2.522	0.031	3.549	0.000	1.128	0.000
0.841	0.039	2.418	0.043	3.862	0.020	1.116	0.004
0.864	0.028	2.310	0.031	4.361	0.007	1.103	0.001
0.888	0.011	2.196	0.012	4.900	0.004	1.093	0.001
0.913	0.019	2.106	0.018	5.607	0.004	1.081	0.001
0.940	0.025	2.037	0.024	6.451	0.004	1.065	0.001
0.967	0.022	1.965	0.021	7.541	0.006	1.045	0.000
0.996	0.013	1.890	0.011	9.322	0.007	1.012	0.000
1.026	0.006	1.835	0.005	11.797	0.007	1.000	0.000
1.058	0.004	1.781	0.003	14.815	0.005	1.000	0.000
1.091	0.009	1.725	0.007	18.179	0.007	1.000	0.000
1.126	0.012	1.682	0.009	23.293	0.007	1.000	0.000
1.162	0.024	1.642	0.017	31.546	0.015	1.000	0.000
1.199	0.012	1.601	0.009	47.527	0.008	1.000	0.000
1.239	0.009	1.565	0.006	60.996	0.008	1.000	0.000
1.280	0.007	1.528	0.005	83.739	0.012	1.000	0.000
1.324	0.006	1.496	0.004	141.974	0.004	1.000	0.000
1.369	0.006	1.469	0.003	Sum			0.406

表 5-4 蒙脱石校正前、后表面过剩量

p /MPa	n_{ex} /cm³/g	n_{ex} /mol/g	n_{ex} /μmol/m²	Bulk /mol/m³	n_{adj} /mol/g	n'_{ex} /mol/g	n'_{ex} /μmol/m²	n'_{ex} /cm³/g
0.492	0.668	2.98E−05	0.393 391 4	178.825 4	6.85E−06	3.66E−05	0.483	0.820
0.991	1.262	5.63E−05	0.743 203 5	362.157 9	1.39E−05	7.01E−05	0.925	1.571
1.991	2.197	9.81E−05	1.293 833 7	732.992 9	2.81E−05	1.26E−04	1.662	2.822
3.482	3.214	1.43E−04	1.892 7544	1298.837	4.98E−05	1.93E−04	2.545	4.321
4.46	3.718	1.66E−04	2.189 564 7	1 677.108	6.43E−05	2.30E−04	3.031	5.147
6.464	4.468	1.99E−04	2.631 246 7	2 466.281	9.45E−05	2.93E−04	3.869	6.570
7.962	4.894	2.18E−04	2.882 122	3 067.473	1.18E−04	3.35E−04	4.422	7.508

注:n_{ex}—校正前表面吸附量;n'_{ex}—校正后表面吸附量。

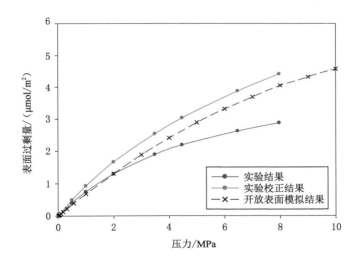

图 5-12 蒙脱石校正前后表面过剩量及模拟值对比(333 K)

除蒙脱石外,对高岭石、绿泥石吸附结果的校正与模拟结果吻合性也较好[图 5-13(a~b)]。结合黏土结构特征,可知虽然各种黏土单位面积过剩量大体相当,而对于单位质量黏土的过剩吸附量,校正后的过剩量与表面积相关性比较显著,说明孔隙结构对表面积具有一定的影响(图 5-14),也充分说明了针对孔隙结构进行过剩吸附量校正的重要性。

对于页岩样品(样品信息见表 5-5),除孔径结构外,仍需考虑物质成分所造成的吸附量的差异。页岩中大量的有机质具有较强的吸附能力,但同时也存在如 Wender 干酪根模型、石英等无机组分的弱表面,因此选用吸附能力处于中间的 Mont-2 作为基准具有一定的代表性。若考虑成分影响,有机组分以石墨层为参考,参与计算的有机石墨层相对分子质量为 1 883.6,无机黏土相对分子质量为 22 912,比值为 12.50;同时石墨层与 Mont-2 黏土表面过剩量动态关系已知。因此对于 TOC 含量为 $w\%$ 的样品,其吸附量可近似为

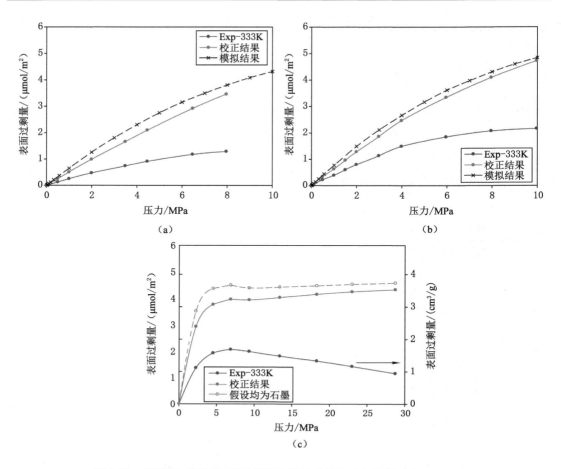

（a）

（b）

（c）

图 5-13 绿泥石、高岭石、页岩实测曲线及吸附校正与模拟对比（333 K）

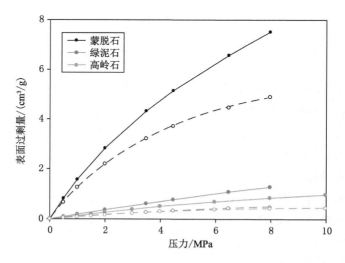

图 5-14 校正前后纯黏土样品单位表面过剩量对比

（实线：校正后，虚线：校正前）

表 5-5　页岩吸附实验样品成分特征

编号	TOC/%	R_o/%	石英	黏土	钾长石	斜长石	方解石	白云石	黄铁矿
PS	5.56	2.71	50	17	8	9	6	6	4

$$n_{ex} = (n_{ex}^0 \times 12.5w \times \alpha_i) + n_{ex}^0 \times (1 - 12.5w) \tag{5-3}$$

其中 n_{ex}^0 为 Mont-2 吸附标准曲线；α_i 为石墨层与 Mont-2 随压力的变化比值。

校正结果表明(表 5-6)，低压阶段过剩量增长较快，与微孔发育程度较高有关，相较于纯黏土组分，在最大过剩量下页岩的吸附能力仍然处于相对较低的水平[图 5-13(c)，18.3 MPa 过剩量相当于 4.15 $\mu mol/m^2$，纯黏土矿物为 5.79 $\mu mol/m^2$]。即使假设所有表面均为石墨层(即 n_{ex}^0 为石墨层标准吸附曲线，红色虚线)，校正后结果表明，在低压阶段过剩量上升较快，与石墨层的吸附亲和力有关，而高压阶段过剩吸附量(18.3 MPa 过剩量相当于 4.48 $\mu mol/m^2$)与纯黏土相比仍相对较低。该现象说明，页岩内表面上有相当一部分为对甲烷吸附亲和力较弱的位置，如有机质褶皱凸起处、矿物边缘处。

表 5-6　页岩等温吸附实验与校正结果

压力	等温吸附实验值		校正结果		校正结果(基于石墨层)	
MPa	mL/g	$\mu mol/m^2$	$\mu mol/m^2$	mL/g	$\mu mol/m^2$	mL/g
2.23	1.11	1.363	2.932	2.39	3.518	2.86
4.53	1.57	1.928	3.764	3.07	4.372	3.56
6.86	1.68	2.063	3.960	3.23	4.498	3.66
9.32	1.62	1.989	3.942	3.21	4.399	3.58
13.38	1.48	1.817	4.034	3.29	4.432	3.61
18.29	1.33	1.633	4.153	3.38	4.480	3.65
22.99	1.16	1.424	4.250	3.46	4.534	3.69
28.73	0.94	1.154	4.331	3.53	4.582	3.73
朗缪尔体积 V_L	2.34	2.874	4.478	3.65	4.748	3.87

若未对吸附曲线做过剩量校正，以 Langmuir 模型拟合的朗缪尔体积 V_L 为 2.34 cm^3/g，相当于 2.874 $\mu mol/m^2$，处于相对较弱的水平，而校正后的 V_L 为 3.65 cm^3/g，相当于 4.478 $\mu mol/m^2$，接近于校正前的 2 倍，因而如果不对吸附曲线进行校正即使用理论模型拟合，必然导致资源量的低估。若基于石墨层吸附曲线进行校正[图 5-13(c)，红色虚线]，拟合得到的过剩量极限为 4.748 $\mu mol/m^2$，与 Mont-2 的最大过剩量(5.3 $\mu mol/m^2$)相比仍然较低，表明页岩内弱吸附亲和力位置的存在。而实际中过剩量随压力的增加呈降低的趋势，拟合结果缺乏明确的物理意义。

该方法较好地反推了实验中引起倒吸附误差的原因，通过 He 孔隙空间校正获得近似值。误差的来源主要包括以下两个方面：① He 标定的可侵入空间由 CO_2、N_2 标定的孔隙空间近似，但实际上 He 的可侵入空间仍略大于 CO_2、N_2 这两种探针气体。② CO_2、N_2 吸附实验中,计算孔径分布时假设的孔隙结构为圆柱形孔,而模拟中使用的是平板状孔。但黏土结构构建圆柱形孔较为困难,因此未使用圆柱形孔进行校正参数的计算。

5.2 页岩吸附形变系统

为了研究有机/无机组分的吸附形变效应,使用 Mont-2 结构代表无机组分,Bojan-Steele 单向有限石墨层结构代表有限的有机组分。使用 Bojan-Steele 结构近似模拟石墨平板,即平板在单一方向上宽度有限,另一方向上宽度无限,以模拟维度有限的有机质[图 5-15(a)]。Bojan-Steele 形变系统较为简单,参与吸附与形变的实体只有固体以及流体,需考察 3 种能量。系统相对较为简单,因而对其设置了较为复杂的孔隙结构以研究不同孔壁可变情况下的形变效应,一为仅内侧有位移的刚性结构[图 5-15(b)],一为四个固体均可变的柔性结构。Bojan-Steele 间作用力见附录 7。

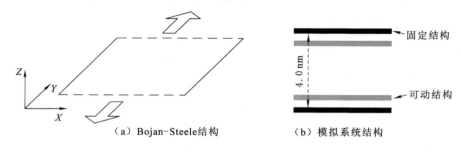

（a）Bojan-Steele结构　　　（b）模拟系统结构

图 5-15　系统结构示意

黏土形变系统较为复杂,黏土 TOT 框架结构中经常出现原子置换现象。Al、Mg、Fe 等通过置换硅氧四面体或铝氧八面体中心原子,导致电荷不均匀分布,从而形成带负电的黏土框架结构,多余电荷通过层间阳离子平衡以保持系统的电中性。Mont-2 型黏土中性 TOT 结构化学式为 $(SiO_2)_8(Al_2O_3)_2 \cdot 2H_2O$,置换后的化学式为 $M_x(Al_{8-a},SiO_a)(Mg_{4-b}Al_b)O_{20}(OH)_4$,其中 M 为一价层间阳离子,Mg 亦可为 Fe、Ca 等元素,元素下标满足 $x=12-a-b$。在模拟中,每四个晶胞中有一个硅氧四面体中心原子被 Al 置换,两处铝氧八面体中心原子被 Mg 替换,多余电荷由 Na^+ 离子平衡,即参与计算的结构为 $Na_{0.75}(Al_{0.25},SiO_{7.75})(Mg_{0.5}Al_{3.5})O_{20}(OH)_4$,置换位置分别为 Al 置换 Si:$(0.264,0.762,-0.055)$,Mg 置换 Al:$(0.176,0.609,-0.328)$,$(0.704,0.305,-0.328)$,如图 5-16 所示。电荷间相互作用势能较 VdW 势能衰减较慢,相邻原子电荷作用势能相互影响明显,因而不论是否发生元素置换,黏土表面电势分布情况均未反映黏土的六元环结构。

黏土表面电势呈条带状分布,低势能处对应为 Si、Al 等四面体/八面体结构中心原子分布条带;置换后黏土表面电势明显增强,总体上仍遵循该规律,低势能处位于靠近表面的硅氧四面体置换处,除发生置换的中心原子外,与中心原子相连的氧原子电荷相应增加,从而在置换处形成低势能区。

在黏土系统内,参与吸附与形变计算的有三个实体,即带电黏土框架(solid)、层间阳离

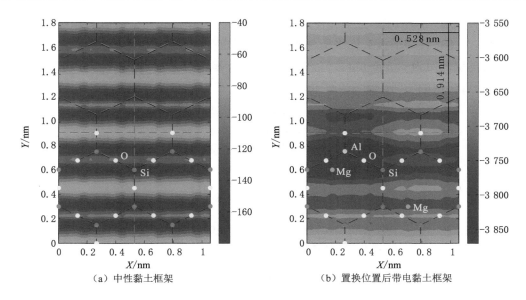

（a）中性黏土框架　　　　　（b）置换位置后带电黏土框架

图 5-16　带电黏土框架结构原子置换位置前后原子表面电势分布（一）（$Z=0.34$ nm）

子（atom）及层间吸附流体（fluid），需要考察的能量包括各组分内（如固体-固体，流体-流体，层间阳离子间）以及二元组分间（如固体-流体，固体-层间阳离子，流体-层间阳离子）的相互作用。在形变模拟过程中黏土框架仅在 Z 向上发生位移，但固体原子数较多，若通过直接计算则计算量太大，为节省计算时间，黏土框架间势能亦使用预存数一维据库，由真实参与计算的结构计算获得，在模拟过程中使用插值法获得近似值。

　　在系统形变模拟中，对于黏土系统使用 NVT（真空及单一流体），对于石墨系统使用 NVT（真空）或 GCMC（单一流体）。流体仅在系统内随机运动（包括位移与原位旋转，比例 4∶1，若为简单流体则全部为位移）。对于 NVT 系统，形变仅发生于平衡阶段，固体框架位移占总动作的 2%，进入统计阶段后固体位置锁定以保证系统体积恒定，即保证不违背 NVT 系统体积不变的原则。各系统下平衡与采样阶段均为 10^8 个动作。由于形变涉及结构的参考基准，因此大部分条件下均在真空情况下获得能量最低的系统结构（柔性结构除外），然后以此为系统的初始构型讨论系统的形变。

5.2.1　有机组分（石墨层）

　　干酪根结构较为复杂，因而使用单向有限（Bojan-Steele）石墨层来近似模拟高演化程度的有机质吸附形变行为。为研究平行板状孔内吸附对形变的影响，构造两端固定的平行板孔结构，固定平板的内侧分别有一可以 Z 向自由移动的可动平板，并允许其在小范围内自由移动，该系统称为刚性结构。系统维度为 3.73 nm×3.73 nm×4 nm，并只在 Y 向（即 Bojan-Steele 无限延展方向）上周期镜像，固体由底至顶分别编号为 1～4 号［图 5-15（b）］。

　　（1）真空情况

　　同黏土形变系统类似，首先考虑真空情况下系统最优位置。两侧可移动平板初始位置距固定平板 0.5 nm，Z 向上最大位移为 0.5 nm，以防止两个可移动平板相互吸引并落入单侧固定平板吸引范围。在真空情况下,随着可动平板(Solid2、Solid3)向两端移动,系统能量快速降低,两侧可移动平板最终平衡位置位于距固定平板 0.341 nm 处(图 5-17)。实验表明石墨层的层间距为 0.335 nm[98,99],由于实验中石墨板较大,而模拟中 Bojan-Steele 尺度有限,因而石墨层的层间距为 0.341 nm 可以接受。平衡后的可动平板(Solid2、Solid3)位置作为初始位置研究不同状态下吸附作用引发的形变效应。

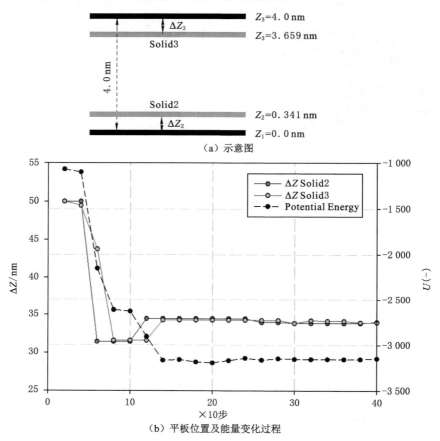

(a) 示意图

(b) 平板位置及能量变化过程

图 5-17 真空情况下刚性系统最终平衡位置

(2) 低温条件(77 K)

以真空情况下形变系统平衡后可动平板(Solid2、Solid3)位置为初始位置,分别模拟研究 CH_4 对石墨平板形变的效应。其中定义形变程度 ΔH 为

$$\Delta H = \frac{H - H_0}{H_0} \tag{5-4}$$

其中 H_0 为参考基准构型中可动平板间距,$H_0 = 3.318$ nm,H 为形变后可动平板间距,ΔH 为正时可动平板相对初始位置向固定平板靠近,即孔隙空间膨胀,为负时相对压缩。

由图 5-18 可知,吸附引发孔隙空间膨胀,形变过程与吸附曲线大体相符,但幅度变化有所差异。吸附开始后,低压阶段,随着甲烷的吸附形变量快速增加,至第一吸附层形成后(10.99 $\mu mol/m^2$)形变量为 0.49%,二者均进入一个短暂的稳定阶段;随着第二吸附层的形成,形变量有所增加,但增幅明显减缓,第二吸附层形成后形变量为 0.54%,表明低温阶段下,孔隙的形变主要受系统内流体吸附的影响,且第一层吸附对形变影响最为显著,固体间由于形变而导致的能量升高由固体-流体作用补偿。

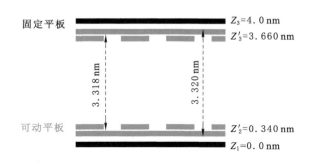

（a）100 Pa时系统结构示意

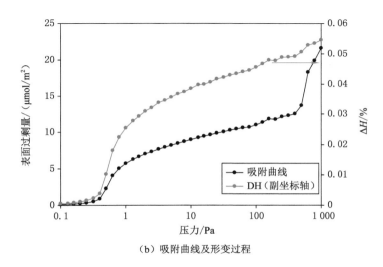

（b）吸附曲线及形变过程

图 5-18　甲烷吸附结果（77 K）

（3）超临界条件（333 K）

① 刚性结构

同样以真空情况下系统平衡位置为各固体初始位置吸附流体,研究超临界条件下甲烷吸附的形变效应。与 77 K 一致,超临界条件下同样引发孔隙的膨胀,但膨胀幅度显著增加（图 5-19）,与温度升高、分子动能增加、相同的量下对孔壁压力增加有关。高压阶段系统内流体的量增速相对变缓（图 4-9）,而形变量随压力近乎线性增加,与实验结果相符[144],表明流体的压力为影响系统形变的主要因素。与平板固定的情况相比,可侵入空间增大,但由于形变量较小（<0.1%）,未明显改变孔径结构,因而对过剩量计算无明显影响。

② 柔性结构

前述系统只模拟了孔隙内部存在压力时系统形变,为研究应力对孔隙结构的影响,需对前述系统进行改造,考虑孔壁可自由移动的情况,称为柔性结构。由于真空条件下四个

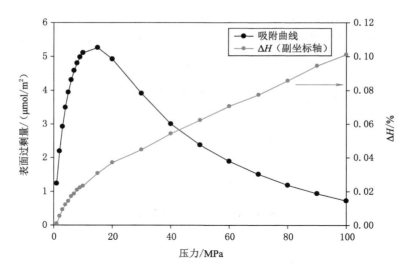

图 5-19　超临界条件下甲烷吸附对系统的形变效应(333 K)

石墨层会相互吸引而使孔隙消失,因此形变的初始构型需在高压条件下获得,并保证孔隙内外压力平衡。将前述形变系统置于 Z 向为 6 nm 的环境,同时 Z 向也保持周期镜像以保证孔隙内外压力一致。首先保持 Solid2、Solid3 垂向移动,在初始压力(10 MPa)下达到平衡[图 5-20(a)]。然后以该构型为起点,但四个石墨层可以分别自由移动,以研究孔隙内外应力对结构的影响。

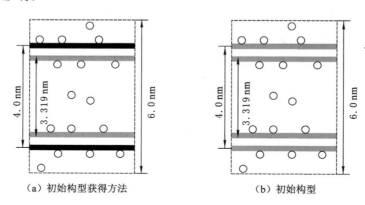

　　（a）初始构型获得方法　　　　　　　（b）初始构型

图 5-20　应力对孔隙结构影响的形变系统示意

　　由图 5-21 可见,在 10 MPa 的外压下,平行板孔逐渐相互靠近,内侧平行板孔间距 $\Delta H_{23} = 1.090$ nm,与初始情况下的 3.319 nm 相比大幅缩小,为该条件下孔隙压缩的极限。但在实际情况中,由于固体运动的自由程度有限,孔隙压缩程度并不会如此明显。

　　随后以孔隙压缩至极限的 10 MPa 为基准,随着压力的增加,两端平板间距 ΔH_{12}/ΔH_{34} 均持续压缩,形变量与仅有两个平板可动时(同样以 10 MPa 为基准)相比明显增加,而平行板孔内、外径(ΔH_{14}/ΔH_{23})均呈现膨胀趋势,在压力大于 40 MPa 后膨胀程度有所减小(图 5-22)。

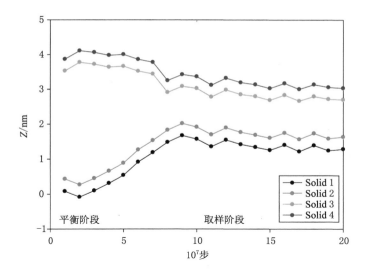

图 5-21　10 MPa 下平行板孔形变过程

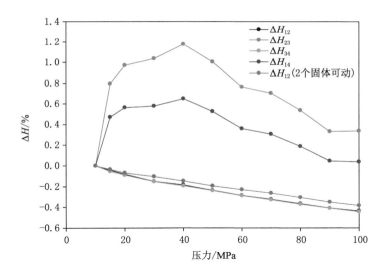

图 5-22　以 10 MPa 为基准的可变平行板孔形变过程

形变引起的系统能量的升高由流体间、流体与固体间的作用补偿,10 MPa 下平衡时,平行板孔内两侧吸附层近乎相接(图 5-23),随后压力增加,平行板孔虽然发生轻微膨胀,但平行板孔内侧始终仅能容纳两层流体,即超压条件下孔隙压缩的极限。

5.2.2　黏土系统

黏土系统内结构较为复杂,涉及层间以及集合体间的膨胀。遵循同样的步骤,先在真空下找到各个系统的初始构型,而后以初始构型为参考讨论吸附的形变效应。

（1）层间间隙

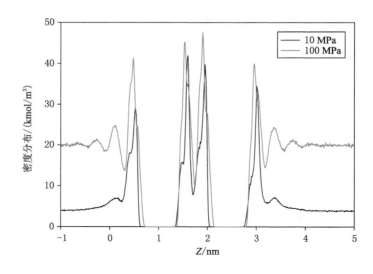

图 5-23　系统内流体密度分布（可动平板位置统一至 1.0 与 2.5 nm 附近以保证简洁）

① 真空情况

首先考虑黏土平板孔在系统内没有流体时两侧黏土框架间的距离变化，通过 NVT 系宗完成。单侧黏土平板为 4.2 nm×3.7 nm，共包含 32 个晶胞，每个晶胞携带－0.75e，因而单侧平板需要 24 个层间 Na^+ 离子以保持电中性。假设阳离子平均分布于黏土平板两侧，因而黏土平板孔间共 24 个层间阳离子，初始状态下黏土框架间距离为 2.0 nm，层间阳离子随机分布于平板孔内（图 5-24）。

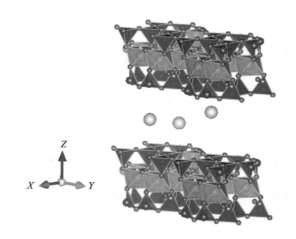

图 5-24　形变的黏土平板孔系统示意

真空情况下，系统中仅包含有黏土框架（solid）与层间阳离子（atom），因而对系统能量有所贡献的相互作用势能包括框架间（SS）、阳离子间（AA）及框架与阳离子（AS）。以初始状态下系统能量为基准，研究形变时系统各要素间能量变化情况。

由于黏土框架间以及层间阳离子间携带同向电荷，因而 SS 与 AA 均为斥力，使得黏土框架塌缩的为黏土与阳离子间作用力(AS)。黏土层与层间阳离子开始移动后,黏土框架由初始时的 2.0 nm 快速塌缩至 1.2 nm 附近(图 5-25),层间阳离子分别附着于两端黏土框架表面,阳离子在黏土表面分布较为随机。

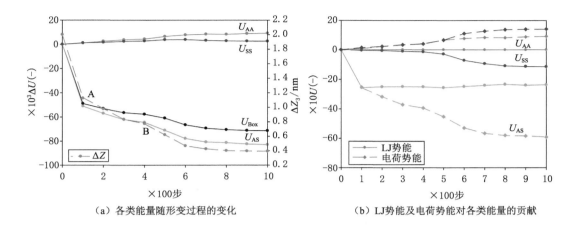

(a)各类能量随形变过程的变化　　　　(b)LJ势能及电荷势能对各类能量的贡献

图 5-25　黏土形变过程能量变化及层间距 ΔZ 变化

同时阳离子在系统内寻找低势能条带($Y=0.6-0.8$ nm,及 $Y=2.4-2.6$ nm 附近),系统内 SS 与 AA 能量升高,但升高幅度远小于 AS 降低幅度,系统能量继续降低,允许黏土框架相互靠近。当黏土框架间距达到最低时,层间阳离子平面均位于低电势能条带内,且相互错开以进一步降低系统能量。平衡时黏土框架塌缩至 0.35 nm 左右,与一个阳离子直径(0.27 nm)相当,此时系统晶格常数(L_c)为 1.006 nm(0.35+0.656 nm),并且平面上层间阳离子排列规则,均位于低电势能条带处(图 5-26)。由于电荷势能衰减较慢,在相对距离较远时仍有较强的相互作用,因而带相同电荷的层间阳离子(AA)与黏土框架(SS)间的静电斥力均远大于 VdW 作用的吸引力,黏土框架的压缩形变主要来自层间阳离子与两侧框架间的静电吸引力。随后甲烷对形变的影响均在真空系统基础上讨论。

② 甲烷(333 K,NVT)

在超临界条件下,甲烷分子自身运动速度较快,其自身结构及电偶极可以忽略,因而在超临界条件下往往使用 TraPPE-UA 模型;同时为了探究甲烷八极矩在带电系统中的作用,模拟中也使用了 OPLS-AA 模型(表 2-3)进行验证,使用 NVT 系综。选用 NVT 系综是由于能量为该系综判别动作是否接受的唯一判据,而吸附为放热反应,因而系统总能量降低的过程为自发吸附过程。

模拟从真空系统开始,即黏土层间距为 0.35 nm。结果表明在室温条件下,平行板状孔从真空状态到甲烷进入层间时,黏土框架扩张以容纳新插入的甲烷流体,但 SF 对系统能量贡献较弱(-8(-)),黏土框架仍仅通过 AS 作用力相互结合,但由于框架的扩张,层间阳离子受对侧黏土的吸引力作用快速减弱,系统总能量迅速上升,表明甲烷无法自发进入紧密结合的黏土层间(图 5-27)。

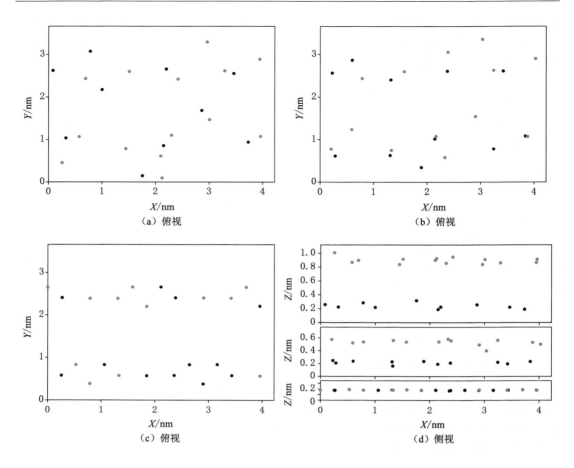

图 5-26　黏土形变过程中层间阳离子位置变化

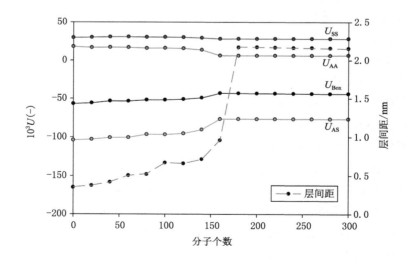

图 5-27　甲烷（UA）可形变平行板孔内孔径及系统能量随流体量的变化

若考虑甲烷流体自身形态与电荷（八极矩）作用，即使用 OPLS-AA 模型时，系统各组分对总能量的贡献与 TraPPE-UA 模型大体一致（图 5-28）。

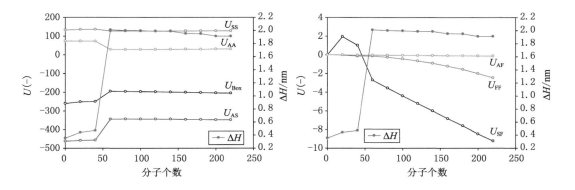

图 5-28　甲烷（OPLS-AA）可形变平行板孔内孔径及系统能量随流体量的变化

甲烷进入层间后，由于层间孔隙过小，流体与黏土间的排斥力使得孔隙扩张，而层间阳离子对黏土框架的吸引力仍使孔隙维持在较小的范围内；随着流体持续进入孔隙，黏土框架被迫持续扩张，系统总能量升高。甲烷为非极性流体，H 原子可诱导的极性较弱；当甲烷四面体结构端点均为极性较强的 Cl 原子，即四氯化碳（CCl_4）时，CCl_4 分子的八极矩仍然较弱，八极矩在单一流体吸附凝聚过程中的贡献不到总作用力的 2%[211]，因而八极矩更弱的甲烷分子使用 UA 模型可以满足模拟需求。

前述模拟表明，甲烷在超临界条件下吸附层厚度较宽，质心分布范围约为 0.3 nm，而层间孔隙仅为 0.35 nm，其中黏土框架表层氧原子直径为 0.35 nm，因而甲烷难以自发进入层间，NVT 模拟结果与前述模拟吻合。

（2）集合体间平行板孔

为了简化系统、节约计算时间，黏土集合体刚性结构的形变结构减少了一个可动固体，即只保留了上部可动黏土平板（图 5-29），初始情况下可动平板靠近上部固定平板，第二、三平板间层间阳离子只可在二、三平板间移动，流体仅可进入第一、第二平板间。NVT 系统下真空平衡时，平行板状孔初始孔径 $H=2.982$ nm。模拟使用 NVT 系统，共分为三个阶段，第一

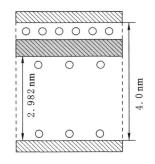

图 5-29　黏土可变平行板结构示意

阶段与之前一致为平衡阶段，第二阶段对平板位置取样，第三阶段取第二阶段最后一个构型的固体位置，对流体分布取样，系统压力取孔隙中部的自由态气相压力。

与石墨层内的形变类似，甲烷进入层间会引发黏土集合体间的孔隙空间膨胀，但由于电中性甲烷与黏土平板间的相互作用（U_{SF}）较弱，远小于平板间作用力（U_{AS}、U_{SS}），孔隙膨胀程度有限（图 5-30）。形变量变动不规则是由于系统内层间阳离子的影响，甲烷与黏土为弱固体-流体作用对（−8(−)），而层间阳离子与黏土平板为强作用对（−10^5(−)），阳离子

的随机位移对结果影响明显。甲烷的吸附膨胀表明,储层情况下,吸附膨胀效应有利于孔隙结构的保存,以减小压实作用对孔隙空间的影响。

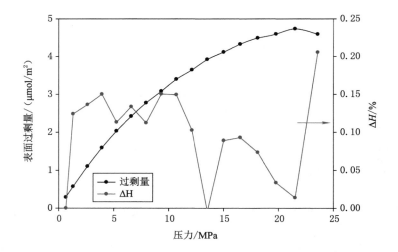

图 5-30　甲烷在可变黏土平行板状孔中吸附曲线及孔隙形变量

5.2.3　吸附形变对储层能量影响

吸附形变对系统的影响更多地表现在对基块弹性能的影响上,基块弹性能密度可由以下公式计算[228],其中 E 为杨氏模量,ν 为泊松比,页岩中 E 和 ν 分别近似取值为 10 GPa 与 0.15。

$$E_{\text{Shale}} = \frac{1}{2E}\left[\sigma_1^2 + \sigma_2^2 + \sigma_3^2 - 2(\sigma_1\sigma_2 + \sigma_1\sigma_3 + \sigma_2\sigma_3)\right] \tag{5-5}$$

式中应力简化为围压,即 $\sigma_1 = \sigma_2 = \sigma_3 = P$,则上式简化为

$$E_{\text{shale}} = \frac{3P^2}{2E}(1 - 2\nu) \tag{5-6}$$

岩石形变与能量 U 的对应关系为

$$U(P) = \frac{1}{2}VE\left[\varepsilon(P)\right]^2 \tag{5-7}$$

其中 V 为岩石体积,ε 为形变量,因而能量密度 E_{def} 为

$$E_{\text{def}}(P) = \frac{1}{2}E\left[\varepsilon(P)\right]^2 \tag{5-8}$$

形变量与压力关系分别参考较为规则的 Bojan-Steele 在 333 K 时外侧孔壁固定(E_{def}^1)以及全孔可变(E_{def}^2)两个系统,对于未计算的压力点采用插值法获得形变量,结果如图 5-31 所示。

可见吸附诱导形变对系统能量的影响主要体现于吸附相为主导的浅埋低压阶段,对能量的贡献不可忽略,高压阶段仍以页岩基块弹性能为主。若考虑温度的影响,随温度升高分子动能增加,相同流体量下对孔壁的压力更大,相应地对结构的形变能力更强,但形变程

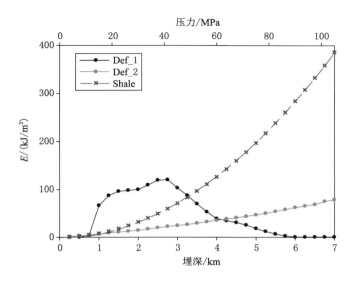

图 5-31　页岩基块弹性能变化与形变诱导弹性能变化

度有限,与 333 K 处于同一数量级。

5.3　小结

　　倒吸附现象的出现与吸附相、游离相增速差异有关,但更主要的来源为 He 孔隙空间的标定,由于 He 与实验气体(甲烷)在分子大小上的差异必然导致了 He 标定的自由空间大于甲烷可以进入的自由空间,同时由于 He 在表面上仍有一定的吸附,该部分同样被换算为自由空间,进一步增加了实验的误差。由于包含微孔的结构两侧孔壁对流体的作用力叠加效应明显,包含强亲和力表面的结构具有较强的固体-流体作用势能,He 孔隙标定中 He 与甲烷分子直径的差异以及吸附导致的孔隙体积标定误差更大,倒吸附现象更为明显。

　　针对引发倒吸附现象的理论原因与实验原因,微孔结构对 He 流体的强吸附效应为导致倒吸附的明显因素,中孔及以上阶段出现倒吸附现象的主要因素为 He 与甲烷分子直径差异导致的计算孔隙体积大于理论体积。通过模拟方法重现了实验中的倒吸附现象,并提出过剩量的校正方法。通过对纯黏土矿物与页岩样品的校正表明,纯黏土矿物校正后与模拟结果吻合较好,但页岩样品与纯黏土相比整体表现出较弱的吸附水平,表明页岩中存在部分较弱的吸附表面。

　　形变为吸附诱发的另一显著效应。以石墨层与黏土为基质研究了甲烷吸附过程中的形变,吸附诱导的形变效应较为复杂,与系统的可变性相关明显。超临界条件下,刚性结构内,吸附时诱导孔隙膨胀,高压阶段形变率随压力几乎线性增长,孔隙膨胀的作用受压力控制明显,储层条件下吸附的膨胀效应有助于孔隙空间的保存。柔性结构内,低压时介孔在压力的影响下快速压缩至 1 nm 左右,对应的孔隙内为两层分子排布,物理意义为该条件下孔隙的压缩极限。到达压缩极限后,随压力增加孔隙仍然可以发生膨胀,其中孔隙内侧孔径膨胀率大于孔隙整体,多余的膨胀效应由孔隙内外壁的压缩分担;但压力增加到一定程度后膨胀率有所下降,表明吸附对孔隙空间的保持能力有限,压力过大时仍有可能出现压缩情况。但形变效应较小,对吸附曲线的影响有限,在低压浅埋时对页岩系统的能量贡献较为显著。

6　渝东南地区龙马溪组页岩储层赋存能力

页岩含气量为包括游离、吸附以及溶解气在内的各个赋存态的综合,三种赋存相态内,溶解气所占比例最小,因此在计算中往往被忽略;游离气含量估算较为简单,获得单位是岩石孔隙体积后,结合温压条件即可获得;相对较难估计的为吸附气含量,其是一个表面强度、孔隙结构的综合。前文已经通过模拟分析了各组分的理论过剩量,结合孔隙特征,可对研究区页岩气体含气性特征进行半定量表征,并分析关键控制因素。

6.1　页岩气地质条件

通过第 2 章的分析表明,研究区内龙马溪组页岩厚度较大,暗色页岩厚度在 $25\sim100$ m 范围内,下段 TOC 含量整体上大于 2.0% 且已经大量生气,TOC 含量、暗色页岩厚度由东南侧古陆向西北部盆地中心渐次升高,高 TOC 含量区与高厚度区叠合度高,气源条件较好。页岩无机物质成分上,黏土矿物含量跨度较大,在 20%～50% 之间,石英含量较高,平均在 40% 左右,纵向上变化趋势明显,下部硅质含量高并向上降低。页岩储层孔隙度介于 1.5%～7% 之间,下部孔隙度整体高于上部,区内钻孔气测结果也普遍表明下段含气量较高,可见孔隙结构对含气量影响明显。目的层埋深大体上从西南侧(黔北桐梓-习水地区)向东北(重庆武隆-黔江地区)渐次加深(图 6-1),高含气量、高产井集中于研究区北部深埋区。

对研究区内龙马溪组页岩样品的等温吸附实验表明(30 ℃),低压阶段内样品吸附量随压力大体上呈增加趋势,实验压力范围内最大过剩量约 $1.6\sim3.3$ cm³/g,拟合所得朗缪尔体积在 $1.93\sim3.95$ cm³/g。随温度升高页岩吸附量降低明显,60 ℃时最大吸附量为 1.7 cm³/g,以 Langmuir 模型对上升段进行拟合,V_L 为 2.34 cm³/g,处于相对较弱的水平;在 5.1 节内对过剩量进行了校正,校正后的 V_L 为 3.65 cm³/g,接近于校正前的 2 倍(图 6-2)。

研究区内页岩气生产井主要包括 PY1 井、LY1 井等,研究区外北部为高产的涪陵焦石坝地区,代表钻井为 JY1 井,其含气量与产能如表 1-1 所示,酉阳东南钻井整体含气量低而未列出。总体而言,渝东南地区龙马溪组页岩气钻孔开采效果差异明显,尤其在相似的构造单元、相近的目的层埋深及相同目标层厚度的前提下,不同钻孔所得的龙马溪组含气量变化较大。因此对研究区龙马溪组页岩气赋存特征,特别是针对吸附载体以及历史埋藏过程中页岩赋存能力特征演化开展系统研究极为迫切。

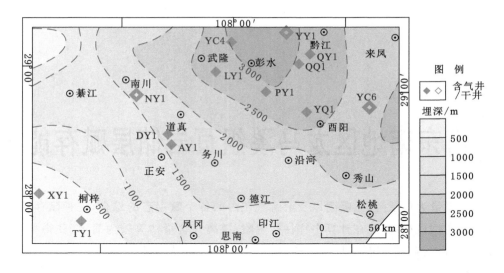

图 6-1　研究区龙马溪组埋深概况与钻孔分布

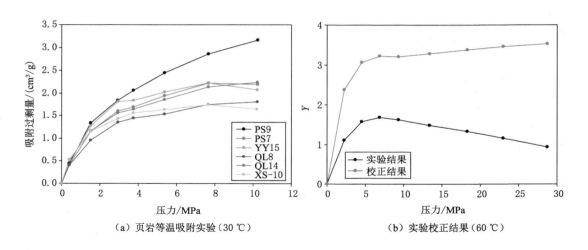

（a）页岩等温吸附实验（30 ℃）　　　　　（b）实验校正结果（60 ℃）

图 6-2　渝东南地区页岩等温吸附实验与实验校正结果

6.2　吸附载体孔隙演化

6.2.1　有机质

第 3 章研究表明，笔石丰度为生物物源输入、沉积稀释、保存演化的综合作用结果，与页岩 TOC 含量相关性明显。五峰-龙马溪组底部高笔石丰度受生物演化事件、水体环境恶化、沉积凝缩控制，形成了厚度有限但 TOC 含量高的优质页岩层段；龙马溪组下部的优质页岩层段受较高的生物输入、较好的保存条件、弱沉积稀释综合影响，TOC 含量虽略低于底部，但页岩厚度较大且 TOC 含量整体仍＞2％。上部由于水体环境转为充氧环境,且沉积速率快速增加,虽然生物生产力高,但有机质含量整体偏低。

有机质吸附能力在成熟演化过程中存在一定的变化规律,随着成熟度的增加有机质的吸附能力呈现先升后降的趋势,即存在拐点,但对拐点范围尚未形成统一认识,范围大概在生气窗初始阶段($R_o=1.2\%$)至过成熟阶段($R_o=4.0\%$)[38,45,119]。渝东南地区龙马溪组成熟度在 $2.7\%\sim3.5\%$ 左右,整体上处于高吸附能力阶段。同时生烃演化过程中,随着小分子的脱除,有机质新生成大量孔隙空间与内表面积。针对延长组低熟 I 型有机质全岩的热模拟演化表明[229],随着模拟温度的增加,岩石孔隙体积、内表面积呈阶段性大幅度增加,对下马岭组页岩的全岩热解实验也表明了表面积随成熟度的快速增加[58],成熟度由 0.62% 增加至 2.84% 时,比表面积增加了 2 倍(图 6-3)。而热演化模拟中由于时限较短,无机组分的结构变化几乎可以忽略,新生成的孔隙空间与内表面积几乎全由有机质生烃贡献。

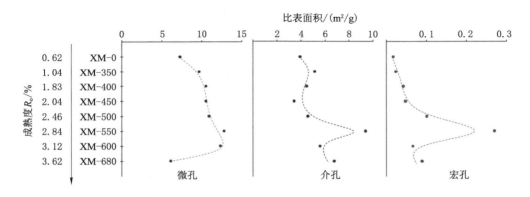

图 6-3　下马岭组页岩全岩热演化中不同孔径范围表面积随成熟度变化趋势[58]

第 4 章研究表明有机质在大量聚集的条件下过剩吸附量较大,尤其是低压阶段,过剩量增速明显大于无机组分;弥散有机质由于表面积大、边界效应明显,对过剩量反而为负贡献。笔石残体在页岩中以炭化薄膜的形式保存,平面上尺度较大;同时平行层面的笔石残体相互堆叠,更进一步保证了有机组分的集中性。因而龙马溪中下部高 TOC 含量、高有机质聚集度的页岩层段具有较强吸附能力。

6.2.2　无机组分

页岩中主要的无机组分包括黏土矿物与石英,其中黏土矿物被视为主要的吸附载体,而石英的吸附能力较弱,其吸附量往往被忽略。第 2 章页岩无机组分分析表明,渝东南地区龙马溪组页岩中石英含量较高,在 40％左右;第 4 章模拟表明,石英矿物吸附能力虽然弱于黏土类,但仍具有一定的吸附能力。该结论与参与计算的石英结构有关,模拟使用的结构中,硅氧四面体(T)有两个氧原子朝向外表面,弱于黏土类(T 中三个氧原子朝向外表面)。但实际情况是分子密度最低的面为四面体顶点相接处 Si/O 层(图 6-4),即薄弱面,晶体破裂时往往沿薄弱面破碎。若以该面作为晶体外表面,每个四面体中只有一个氧原子朝向外表面,势必造成吸附能力的进一步下降。龙马溪组石英的成因除了部分物源碎屑输入外,生物与化学成因的硅质也为主要的物质来源[200,230,231],在页岩中以颗粒状存在,且尺度较大(数百微米至毫米级),形成的表面有限。

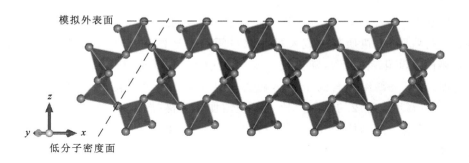

图 6-4　石英结构示意图

对于黏土矿物,虽然层间无法自发吸附甲烷,但外表面上较高的原子密度(T 结构中最外层三个氧原子)保证了黏土类矿物的吸附能力。在页岩中,黏土矿物往往以集合体的形式出现,层片状集合体相互堆叠(图 6-5),集合体间的孔隙可以提供大量的孔隙空间与表面积。

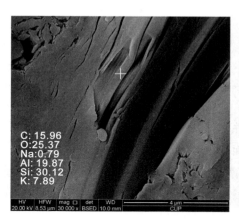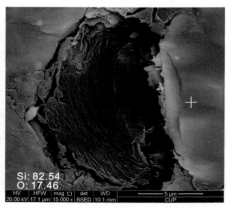

图 6-5　龙马溪页岩中黏土矿物与石英产出状态

由于各种黏土间单位面积吸附能力相差不大,黏土在地质演化中孔隙结构的演变为控制黏土过剩吸附量的关键因素。低演化程度的黏土集合体成簇状杂乱堆砌,从而在集合体间形成了一定的孔隙空间;随着压实作用的进行,集合体结构调整,集合体间堆叠结构调整,虽然成岩过程中的排水、溶蚀作用可形成一定的孔隙,但孔隙空间整体呈压缩趋势(图6-6)。

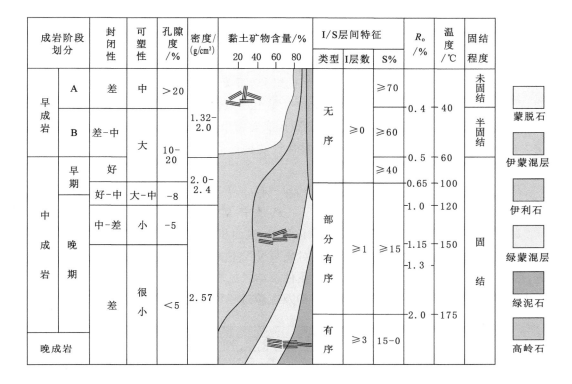

图 6-6　黏土矿物成岩演化过程(据文献[232]修改)

6.3　储层含气性历史演化

由于龙马溪组大部已进入高-过成熟阶段,难以对其孔隙结构演化进行地质模拟,因此参考王阳使用下马岭组页岩全岩(低熟Ⅰ型有机质)开展的针对孔隙覆压热演化系列实验[58],基于该系列样品从低熟至过成熟阶段样品表面积、孔隙体积的变化趋势,对地质演化过程中页岩的气体含气性特征开展研究。系列样品的孔隙结构特征总结如表 6-1 所示。

表 6-1　孔隙覆压热演化中孔隙结构参数变化

实验温度 /℃	流体压力 /MPa	R_o/%	孔隙体积 /(mL/g)	比表面积 /(m²/g)
0	0	0.62	0.008 29	11.22
350	15.0	1.04	0.009 72	14.80
400	18.4	1.83	0.009 97	15.01
450	22.2	2.04	0.010 63	13.98
500	26.3	2.46	0.012 64	15.50
550	32.2	2.84	0.017 18	22.14

对页岩赋存能力的估算遵循以下假设条件：① 不同孔径阶段孔隙均匀压缩，孔隙空间、比表面积随之呈比例变化，孔隙随压力变化趋势由式(6-1)计算，其中孔隙压缩系数 C_p 取自渝东南地区的覆压孔隙度实验拟合结果，$C_p = 0.028$[59]；② 由于页岩中同时存在具有高原子密度的成熟有机质形成的强表面，以及无机组分(石英等)、有机质边缘褶皱处等弱吸附表面，页岩的吸附量由吸附能力中等的 Mont-2 黏土近似表征；③ 地表温度为 20 ℃，地温梯度为 25 ℃/km，压力系数 $K = 1.0$。以该套覆压实验结果近似代表渝东南地区页岩埋藏-热演化中孔隙演化趋势，可半定量地表征气藏含气性特征的变化，从而探讨该地区的页岩气成藏过程。

$$\phi = \phi_0 \times \exp(-C_p \times P) \tag{6-1}$$

其中 ϕ_0 为初始孔隙度，对于已知两个压力 P_1、P_2 及 P_1 对应孔隙度 ϕ_1，P_2 对应的孔隙度为 $\phi_2 = \phi_1 \exp[C_p(P_2 - P_1)]$，指数部分为孔隙体积、比表面积变化系数。

结合 PY-1 井构造演化史(图 6-7)[59]，对成藏过程中关键节点的页岩孔隙结构特征进行估算，可得到该时刻气体含气性特征，估算条件及结果见表 6-2、表 6-3。针对该井的埋藏-热演化史，该地区页岩储层含气性特征(图 6-8)及成藏过程可分为如下几个阶段。

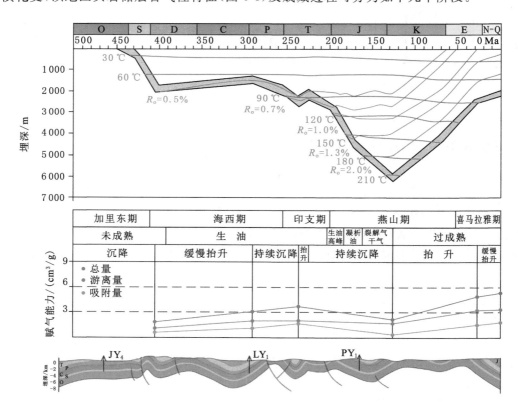

图 6-7　PY-1 井埋藏-热演化史及气体含气性特征变化与
现今构造位置(据文献[59,60]修改)

表 6-2　估算条件($K=1.0$)

地层条件			$\exp(-C_p \times P)$	孔隙体积	比表面积	气相密度	过剩量
P/MPa	$R_o/\%$	T/K	—	$/(\mathrm{mL/g})$	$/(\mathrm{m^2/g})$	$/(\mathrm{kmol/m^3})$	$/(\mu\mathrm{mol/m^2})$
20	0.6	343	0.57	0.004 74	6.41	10.83	4.89
25	1.0	355	0.76	0.007 35	11.19	12.21	4.57
15	1.0	330	1.00	0.009 72	14.80	9.27	5.15
60	2.5	443	0.39	0.004 92	6.03	15.89	3.20
25	2.5	355	0.96	0.012 19	14.95	12.21	4.57
20	2.5	343	1.15	0.014 02	17.19	10.83	4.89

表 6-3　估算结果($K=1.0$)

地层条件			吸附量	吸附比例	游离量	游离比例	总量
P/MPa	$R_o/\%$	T/K	$/(\mathrm{mL/g})$		$/(\mathrm{mL/g})$		$/(\mathrm{mL/g})$
20	0.6	343	0.70	0.38	1.15	0.62	1.85
25	1.0	355	1.15	0.36	2.01	0.64	3.16
15	1.0	330	1.71	0.46	2.02	0.54	3.73
60	2.5	443	0.43	0.20	1.75	0.80	2.18
25	2.5	355	1.53	0.31	3.33	0.69	4.86
20	2.5	343	1.88	0.36	3.40	0.64	5.28

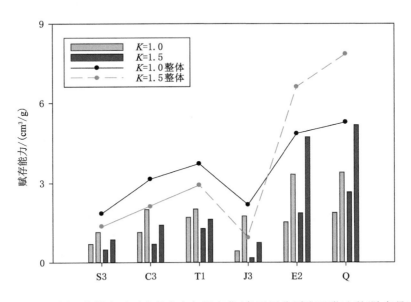

图 6-8　不同压力梯度下页岩最大含气量变化(条形图分别为吸附过剩/游离量)

(1)加里东期沉积-埋藏阶段。自龙马溪组沉积形成后,至加里东末期目的层持续埋藏,最大深度约 2 000 m。该阶段目的层位完成沉积并初步演化,有机质处于未成熟阶段

(0.5%),有机质吸附能力相对较弱,主要有效赋存空间由无机组分贡献,尤其是低熟阶段内表面较为发育的蒙脱石,以及未充分压缩的粒间孔隙。由于该阶段内有机质尚未生气,储层的成藏处于饥饿阶段。

(2)海西期抬升阶段。海西期的缓慢抬升造成了 PY1 井缺失泥盆-石炭纪地层,至二叠纪早期才开始再次接受沉积。海西期的抬升作用降低了有机质演化速率,有机质刚进入生油门限,成熟度一直维持在 0.5% 左右,直至二叠纪再次接受沉积时成熟度才有所增加,至二叠纪末成熟度约为 0.7%。由于有机质成熟演化缓慢,仍处于生油阶段,储层同样属于饥饿状态。

(3)印支期初次沉降。沉积形成中下三叠统后,于中三叠世末期短暂抬升遭受剥蚀,而后继续接受沉积,目的层成熟度于三叠纪末达到 1.0%。该阶段内有机质持续生油,并形成了大量新生孔隙空间及内表面积,可弥补压实作用下孔隙空间的损失。由于沉降幅度较小,温度对过剩吸附量的影响有限,而有机质生烃导致表面积增加,源岩过剩吸附量增加明显。

(4)燕山期再次深埋。该阶段内源岩快速深埋,目的层达到最大埋深(约 6 300 m)。受埋深-热演化影响,有机质演化较为迅速,中侏罗世成熟度到达 2.0%,在最大埋深时到达高-过成熟阶段(2.5%)。深埋过程中有机质经历了生油高峰-干气阶段,储层气源充足。但深埋阶段受温压条件、成岩压实作用以及黏土成岩演化中结构的转变影响,页岩孔隙空间、表面积有限,储层赋存能力达到地史演化最低。相较而言,页岩吸附能力受埋深作用影响更为明显,埋深造成的压力增加以及地温的升高均导致过剩吸附量的降低,同时孔隙压缩造成的体积、面积损失进一步降低了过剩量。对于游离气而言,虽然孔隙受压碎影响明显,但流体密度的增加可一定程度上弥补孔隙压缩带来的负效应。该阶段内源岩处于过饱和状态,为页岩储层自生自储及近源充注的主要时期。

(5)燕山中后期持续抬升。晚白垩世开始,目的层开始快速抬升,至喜马拉雅期抬升速度放缓,现今目的层埋深约 2 100 m。随着构造抬升,孔隙空间弹性恢复,同时伴随孔隙空间、表面积的释放,以及温度的降低,源岩对吸附、游离态气体的赋存能力均大幅增加。该阶段内源岩有机质演化已经停止,在抬升过程中孔隙空间的恢复会在一定程度上降低储层内的压力;若深埋阶段内源岩已发生大规模排烃,或抬升过程中通过构造作用等形成逸散通道,则储层处于饥饿状态。

由以上分析可知,页岩储层对甲烷的赋存能力为成岩演化与埋藏物理条件综合作用的结果。印支期快速沉降之前,页岩的吸附能力随有机质的成熟演化程度的增高而快速增加,对于游离气而言,孔隙空间虽受压力影响而压缩,但成熟演化形成的新生孔隙足以弥补压力对孔隙空间的负作用。页岩对吸附、游离态气体的赋存能力呈增加趋势,但由于埋深较浅,游离气含量的增幅与过剩吸附量相比较为缓慢。印支期最大埋深时,孔隙结构受应力影响明显,导致页岩储层赋存能力大幅度降低,而过剩量同时受温度、压力升高的影响,降幅更明显。抬升中孔隙的恢复导致页岩中过剩量、游离气含量的恢复。

渝东南地区的地史演化相似度较高,均在燕山期达到最大埋深,而后由东南侧向西北侧渐次抬升,YC6 井约于 140 Ma 抬升[59],PY1 井为 100 Ma 左右抬升,LY1 井于 90 Ma 抬升[60],研究区北侧的 JY1 井于 85 Ma 抬升[233],对气藏保存影响明显的为燕山中后期的差异抬升与剥蚀。研究区内,酉阳东南部龙马溪组页岩抬升较早,同时现今埋深相对较浅,地层封闭系统破坏明显而导致气体的散失;向北部 JY1 方向抬升时间依次延迟且埋深渐次增加,页岩内的压力系数也由常压(PY1)逐渐转变为超压(JY1),在远离露头区的深埋地区形成了含气量较高的页岩储层。研究区内两口产气井均位于北部向斜近中心部位[60],PY1 井位于桑柘坪向斜,LY1 位于武隆向斜,远离地层露头区;PY1 井东北侧 QQ1 井埋深较浅、距离露头区较近,含气量与 PY1 井相比也较差。而黔北地区在沉积期内受黔中古陆扩张影响,页岩内 TOC 含量较低、砂质含量高,含气量与彭水地区相比处于较低水平。

值得商榷的是高压阶段孔隙的压缩程度,估算过程中认为各孔径阶段孔隙均等效压缩,而使用的压缩系数为对 $0\sim20$ MPa 下无甲烷吸附的页岩开展的测试,即未考虑页岩吸附形变效应,同时适用的范围也有限。结合第 5 章可动平板的吸附形变效应,高压阶段内孔隙形变量随压力线性增加,介孔及大孔压缩的极限是 2 个流体分子层(约 1 nm),表明高温高压条件下,存在吸附现象的系统内,孔隙空间并不一定随外界压力持续压缩,并且会由于吸附效应而扩张,因此在估算过程中对页岩储层赋存能力存在低估的情况。

若假设压力系数 $K=1.5$,则估算条件及结果如表 6-4、表 6-5 所示。

表 6-4　估算条件($K=1.5$)

地层条件			exp	孔隙体积	比表面积	气相密度	过剩量
P/MPa	R_o/%	T/K	—	/(mL/g)	/(m²/g)	/(kmol/m³)	/(μmol/m²)
30.0	0.6	343	0.43	0.003 58	4.85	10.83	4.54
37.5	1.0	355	0.53	0.005 18	7.88	12.21	3.94
22.5	1.0	330	0.81	0.007 88	12.00	9.27	4.78
90.0	2.5	443	0.17	0.002 12	2.60	15.89	3.02
37.5	2.5	355	1.37	0.017 30	21.21	12.21	3.94
30.0	2.5	343	1.23	0.021 34	26.17	10.83	4.54

表 6-5　估算结果($K=1.5$)

地层条件			吸附量	吸附比例	游离量	游离比例	总量
P/MPa	R_o/%	T/K	/(mL/g)	—	/(mL/g)	—	/(mL/g)
30.0	0.6	343	0.49	0.36	0.87	0.64	1.36
37.5	1.0	355	0.70	0.33	1.42	0.67	2.11
22.5	1.0	330	1.29	0.44	1.64	0.56	2.92
90.0	2.5	443	0.18	0.19	0.76	0.81	0.93
37.5	2.5	355	1.87	0.28	4.73	0.72	6.60
30.0	2.5	343	2.66	0.34	5.18	0.66	7.84

与压力系数为 1.0 时相比,1.5 倍时页岩储层赋存能力变化趋势与 $K=1.0$ 时相同,但

由于孔隙体积随压力变化较为明显,相应的赋存能力波动幅度较大,最大埋深时页岩对甲烷赋存能力较小,而对应时期生气量最大,因而对于高压力系数的页岩储层而言,深埋时期气藏的封闭-保存条件尤为关键。渝东南地区燕山中后期以来整体以抬升为主,考虑到抬升中孔隙的弹性恢复、气体的逸散,深埋时期地层压力系数必然更高,良好的封闭、保存条件是形成常压乃至超压气藏的关键。

6.4 现今储层赋存能力预测

由于页岩为自生自储型气藏,同时龙马溪组有机质含量高、已进入高-过成熟阶段,因此默认其已经大量生气且气源满足自身吸附。以 PY1 井下段平均孔隙发育程度作为参考,通过对其表面积与微孔空间的分析,可得该井对甲烷的赋存能力。PY1 井龙马溪组埋深约 2 160 m,实测含气量为 2~4.3 m³/t,游离气占 55%~70%,TOC 含量平均 3.31%,表面积平均 25.9 m²/g,为常压储层[66],通过孔隙度与块体密度估计孔隙体积平均为 0.011 1 cm³/g。第 5 章的过剩量校正中表明,即使使用吸附能力较强的石墨为参考结构(即假设表面均为石墨),页岩的过剩量与使用蒙脱石黏土在高压阶段内的吸附量大体相当。由于渝东南地区龙马溪组页岩硅质含量较高,为了避免过分高估储层的赋存能力,页岩的过剩量的计算参考结构为吸附能力适中的蒙脱石黏土。

遵循前述设定,分别考虑或忽视孔隙随埋深的变化,储层赋存能力的变化如图 6-9 所示。忽略孔隙随压力的变化,埋深较浅时,流体在页岩表面过剩量较高,随着埋深的增加,孔隙空间对埋深(压力)响应明显,温度与压力升高均导致过剩量的降低(图 6-9,红色实

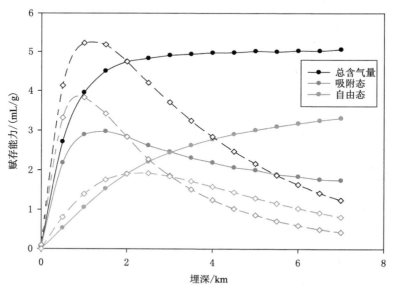

图 6-9　PY1 井龙马溪组页岩含气性特征随埋深变化

(实线:未考虑孔隙压缩;虚线:考虑孔隙压缩,$K=1.0$)

线）；同时随埋深的增加，压力增加对流体密度增加的贡献大于温度升高导致的流体密度的降低（图 6-9，绿色实线）。考虑孔隙压缩时，在气体密度随压力增大的情况下游离气的含量仍呈下降趋势，表明对游离气的赋存影响更大的为页岩的孔隙空间（图 6-9，绿色虚线）；页岩对过剩量的赋存能力则随着埋深造成的温压条件的升高以及孔隙面积的压缩而进一步降低，因而总体赋存能力在 2 km 后随埋深呈下降的趋势。埋深<2 km 时过剩吸附量的快速增加与计算假设有关，初始条件假设埋深为 2 160 m 获得，小于该深度时孔隙空间、表面积弹性恢复，因而过剩量、游离气含量均大于不考虑孔隙变化的情况。

同样以 PY1 井为参考，假设其压力系数 $K=1.5$，可估算得到最大含气量随深度的变化，如图 6-10 所示，其趋势与压力系数为 1.0 时相仿。

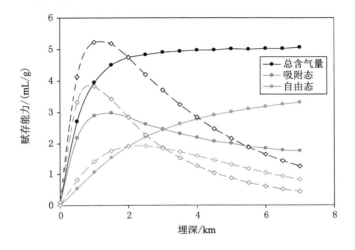

图 6-10　PY1 井龙马溪组页岩含气性特征随埋深变化
（实线：未考虑孔隙压缩；虚线：考虑孔隙压缩，$K=1.5$）

对比不同压力系数下的储层赋存能力变化可知（图 6-11），在当前的地温梯度、孔隙压

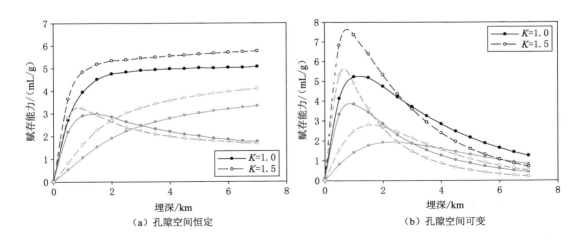

（a）孔隙空间恒定　　　　　　　　　　（b）孔隙空间可变

图 6-11　PY1 井龙马溪组页岩含气性特征在不同梯度下的对比

缩系数的设定下,不考虑孔隙压缩时,高压力系数的页岩储层具有更高的赋存能力。浅埋藏阶段高压力系数的过剩量更快地达到最大过剩量,而后随着深度的增加过剩量降低;低压力系数储层内过剩量随埋深变化较为缓慢,在深埋阶段高于高压力系数下的过剩量,但差异有限。对赋存能力影响明显的是游离态的含量,由于高压力系数下游离相密度更高,同样的孔隙空间下,高压力系数的游离相含量明显大于低压力系数,从而导致高压力系数的页岩储层较高的赋存能力。

更为实际的为考虑页岩孔隙随埋深变化的情况。与不考虑孔隙变化的情况相比,过剩量、吸附量的变化幅度均更大。不同压力系数下,过剩量的差异更为明显,与孔隙受压力压缩影响导致的表面积降低幅度有关。游离气含量同样受孔隙空间控制明显,游离相密度随埋深增加与孔隙空间随埋深降低对含量的影响相互拮抗,浅埋藏阶段游离气含量随埋深增加,在 1.5 km 附近达到极大,而后随埋深降低。高压力系数的储层内游离气含量变化速率更快、幅度更大,在深处(当前假设条件下 4 km 处)低压力系数储层由于孔隙压缩效应较小,游离气含量开始高于高压力系数储层。综合二者对储层赋存能力的影响,2.5 km 以浅,高压力系数页岩储层赋存能力较强,而埋深>2.5 km 时常压储层赋存能力较好。

结合 PY1 井含气数据,现今龙马溪组下部含气量为 2~4.3 m³/t,埋深约 2 160 m,与图 6-11(b)所示大致相符,处于半饱和-饱和状态,相应地在深埋时期应为超压状态才能保持现今的含气量。PY1 井为较为少见的常压生产井,实际生产中更为常见的为超压页岩气井,而超压气井往往具有更高的产能。在前述计算过程中,使用的孔隙压缩系数为无甲烷吸附时实验所得,即未考虑页岩基质的吸附形变效应。而模拟中考虑的形变状况较为极端(基块外部不可形变而仅内部可形变的情况,以及低压下压缩到极限的基块随过剩量增加的形变情况),形变量在 10^{-3} nm 级,实际中吸附的形变效应为二者的综合,即页岩基块受吸附影响压缩而基块整体膨胀,孔隙空间得以保存,同时孔隙的保存也有利于吸附表面的保存。虽然单位质量的页岩上,由形变引发的页岩含气性的变化有限,但地层中较大的页岩体量下,吸附形变对孔隙结构的影响可以对产能造成明显的差异。

以上的分析中遵循的假设条件为,页岩储层内外压力一致。更为实际的情况中,超压页岩储层的超压层段仅为含气及附近层段,远离含气层段时岩石内的压力趋于正常。此时储层内的压力情况如图 6-12 所示,页岩储层含气层段内为超压条件,外部压力低于层段内,甚至为常压。该情况与形变系统中的柔性系统较为相似(5.2 节),在柔性系统内,孔隙内外压力相同时,高压阶段的页岩仍表现为膨胀趋势,当储层外部压力较低时,孔隙的膨胀程度可能处于更高水平。

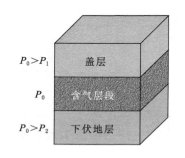

图 6-12　储层条件下超压
含气层段内外压力系统

结合研究区埋深分布,仍遵循前述地温梯度假设,忽略孔隙结构对压力的响应,对于缺少压力系数的地区取常压,可获得区内过剩吸附量、游离态含量的平面分布(图 6-13)。

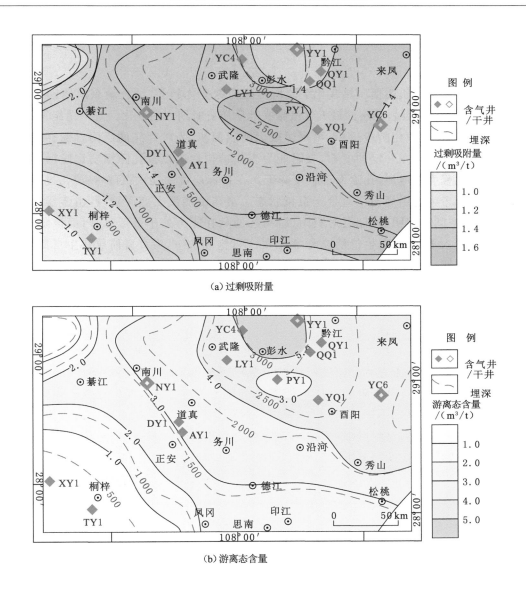

(a) 过剩吸附量

(b) 游离态含量

图 6-13　研究区含气性特征分布

　　研究区内龙马溪组页岩表面积大体在 $12\sim26$ m²/g,主体在 16 m²/g,差异有限,过剩量分布受埋深与表面积综合控制,过剩量较大的区域为 $1.5\sim2$ km 的深度范围内以及 PY1 井(表面积较高)。对游离态含量影响明显的则为埋深,研究区西南侧靠近黔中古陆地区(印江-桐梓)埋深较浅,加之孔隙发育有限,游离态含量较小;向东北方向埋深增加,同时孔隙空间增加,游离态含量明显增加,深埋条件下,页岩过剩量低,而压力增加导致游离态密度的增加对页岩理论最大含气量的补充作用明显。结合图 6-11,高压力梯度下页岩最大含气量通过游离态密度的升高而增加,但若考虑孔隙结构随压力、吸附的变化,则页岩的含气性特征进一步复杂化。

6.5　小结

本章基于低熟有机质覆压热演化实验所得的孔隙变化趋势,结合渝东南地区 PY-1 井埋藏-热演化史,分析页岩储层的最大含气量在地质历史时期内的变化。龙马溪组下部有机质聚集程度高,成熟演化阶段适中,可提供较大的表面积,为较理想的吸附气赋存载体;无机组分吸附能力则存在一定的变数,吸附能力表面结构性质以及孔隙演变影响明显,总体上随成岩演化程度的增加,孔隙发育程度降低。在目标层位的初次沉降-热演化过程中,储层由于有机质未大量生烃而一直处于饥饿状态。至燕山期最大埋深阶段,由于压力、地温均较高,孔隙空间压缩明显,储层对吸附、游离态的赋存能力处于最低水平;而该阶段页岩有机质演化进入干气阶段,生气量较大,源岩处于过饱和状态,为页岩储层自生自储及近源充注的主要时期。后期的抬升过程中,孔隙空间恢复,页岩储层赋存能力大幅增加,但有机质生烃停止,依据储层的构造保存条件,处于饱和-饥饿状态。

PY1 井龙马溪组底部页岩储层赋存能力随埋深的变化表明,随埋深的增加,过剩吸附量在浅部快速达到最大值后,在温压条件以及孔隙压缩的影响下明显降低,深部以游离气为主,相同地层条件下,游离气对孔隙结构的变化更为敏感。对不同压力系数下 PY1 井赋存能力的分析则表明,压力对孔隙的压缩作用会导致游离相赋存空间的降低,同时随埋深增加,温度压力升高,过剩吸附量同样降低,过高的压力系数会通过孔隙体积压缩导致页岩赋存能力的降低。但以上研究中均未考虑实际吸附形变对页岩孔隙系统的改造作用,超压气井较高的产能与页岩吸附形变对孔隙空间的保存作用有关。

研究区内黔北地区龙马溪组由于埋深较浅、孔隙发育程度有限,页岩的过剩量、游离量均处于较低水平,东北部武隆-彭水一带的深埋区内,页岩对甲烷的赋存能力较强。

7 结论与展望

7.1 结论

本书通过研究渝东南地区富有机质页岩形成机制,针对页岩中主要组分开展系列模拟,揭示其吸附能力、吸附动态过程以及吸附诱发的形变效应,结合渝东南地区埋藏-热演化史,孔隙演化特征及对压力的响应,研究了储层对气体赋存能力的变化,得出以下结论:

(1)从生物演化、古陆变迁、物源输入角度分析了龙马溪组沉积期内沉积相-岩性展布,总结了富有机质页岩发育控制因素的相互配合关系。

龙马溪组沉积期内,对研究区地层发育影响明显的为南缘黔中古陆,赫南特阶末期-鲁丹阶内,海平面上升背景下,黔中古陆仍向北扩展,形成了黔北地区大面积的沉积间断,源岩发育条件较好的深水陆棚相范围有限,源储质量较盆地中心地区较差。进入埃隆阶,水体深度变浅,水体滞留程度下降,以浅海沉积为主。

页岩中有机质的富集受陆源碎屑输入与海洋生物输入综合影响,五峰组-龙马溪组底部(—LM1)生物的演化经历了两幕演化事件,生物生产力较低,而形成的高 TOC 含量段与滞留还原条件下、低沉积速率形成的凝缩作用有关,有机质含量高但厚度有限。而后(LM2—LM4)随着生物的复苏与繁荣,生物生产力增加,水体仍然保持有利于有机质保存的弱还原条件,沉积速率较低,有利于生物输入、有机质保存条件以及合适的沉积速率配置,使其成为富有机质页岩形成的主力阶段,部分地区可上延至 LM6。上段对应的 LM5—LM9 沉积期内,水体环境转换为充氧环境,利于生物生存,生产力保持在较高水平,但不利于有机质的保存,同时沉积速率大、沉积稀释作用明显,以低 TOC 含量的泥质、灰质沉积为主。

(2)对页岩单组分以及复合结构分析模拟,揭示了超临界条件下吸附的动态变化过程,以及组分、结构差异对吸附结果的影响机理。

对页岩单组分的模拟表明,77 K 下流体分子优先吸附于低 SF 势能处,而后随着吸附量的增加吸附层结构致密化,流体排列结构调整而忽略固体能量分布,单层吸附量的理论极限为 10.99 $\mu mol/m^2$。超临界条件下石墨、黏土、结构干酪根对甲烷的过剩吸附量由近表面(约 0.5 nm,与低温条件下第一吸附层高度相当)内的流体贡献,且吸附相密度整体小于 77 K,不同吸附剂表面最大过剩量均在同一数量级内(< 10.99 $\mu mol/m^2$);随着压力的增加 0.5 nm 范畴内的流体并没有如低温下的晶格化排布。相同条件下石墨吸附能力整体大于

黏土,但随着压力的增加,过剩吸附量差异逐渐缩小;干酪根结构由于片段太小、边缘存在大量弱能量表面,对甲烷的过剩量整体偏低。吸附能力的差异与固体自身结构关系紧密,表面均一、分子密度高的固体为理想的吸附介质。

吸附受孔隙结构影响明显,尤其是微孔阶段内。由于两侧固体对流体的作用叠加形成了较强的势能,微孔内吸附曲线在低压阶段上升较快,但由于孔隙空间有限,最大过剩量较小。随着孔径的增加,最大过剩吸附量呈增加趋势,在>2 nm 的孔隙内,单侧表面的流体密度分布受对侧的影响可以忽略。对黏土-石墨层复合结构的研究表明,合适的孔隙结构有利于吸附的进行,孔隙过小时会浪费部分有效吸附表面,此外弱表面会对过剩量起到削弱作用。

吸附为一个动态过程,低温条件下流体分子动能较小,更趋向于首先吸附于低固体-流体作用势能处,后随吸附量的增加而调整结构;而超临界条件下流体分子动能较大,且分子间相互作用明显,吸附的流体难以稳定地停留在固体表面能量较低处,其吸附位置并不随压力、吸附量的增加而发生明显的选择性改变。

(3)通过模拟重现了实验中的倒吸附现象,揭示了倒吸附现象的理论原因与实验原因,基于实验误差提出了基于页岩孔隙结构的过剩量校正方法。

页岩吸附实验中出现倒吸附现象存在理论与实验原因。理论上系统内吸附、游离相密度增速相同时,表面过剩量出现最大值,随后表面过剩量呈现下降趋势。表面过剩量的下降并不意味着系统内绝对吸附量、流体的量的下降。

实验中 He 孔隙标定所导致的误差为实际操作中更为显著的因素,He 分子直径较小,标定的自由空间大于目标流体可侵入空间,同时 He 在表面仍存在微弱吸附,该部分吸附量在操作中被当成孔隙空间参与计算,从而导致过剩量的低估。包含微孔、强表面的结构由于流体固体作用势能较强,He 在结构内的吸附使得 He 孔隙标定中的误差更大,因而实验所得倒吸附现象更为明显。通过模拟重现实验中的倒吸附现象,建立了依据样品实际孔隙分布的过剩量校正方法。

(4)分别以有机组分与无机组分为例,模拟研究了吸附诱导膨胀的原因及超临界条件下的形变趋势与极限,并初步探讨了形变对系统能量的影响。

超临界条件下的甲烷吸附诱发石墨、黏土集合体形成的平板孔隙的膨胀,对于刚性结构,高压阶段膨胀率随压力的升高而线性增加;而柔性结构内,孔壁在低压下塌缩,孔壁间距离约为 1.1 nm,对应为两层流体分子层,而后随着压力的增加,孔隙仍然呈膨胀的趋势,但压力过大时(>40 MPa)膨胀幅度降低。孔隙空间的膨胀导致固体基质压缩,能量主要来源于流体对孔壁的压力。但由于甲烷与黏土的相互作用力较弱,远小于黏土 TOT 结构相互结合的作用力(层间阳离子与带负电的黏土平板),甲烷分子难以进入紧密结合的黏土层间诱发层间膨胀。由于吸附形变量较小(10^{-3} nm 数量级),形变效应对过剩量的影响有限,但在浅埋藏阶段,吸附效应主导气体的赋存时,形变对系统能量的影响不可忽略。

(5)针对孔隙在地史时期内的动态演化过程,研究了目的层埋藏过程中页岩储层对过剩吸附量和游离态气体的赋存能力,预测了目标地层现今对甲烷的最大含气量,并探讨了压力系数对甲烷赋存的影响。

　　页岩储层的含气性特征在演化过程中受到地层温压条件与储层孔隙结构的控制,燕山中后期目标层位达到最大埋深,受压力影响对甲烷的赋存能力最小,而该时期同样为生气高峰,页岩处于过饱和状态,因而深埋阶段以及随后的抬升改造为页岩气成藏的关键阶段。深埋阶段实现大量运移,或后期抬升过程中发生改造逸散,都有可能导致现今状态下孔隙空间释放后的含气不饱和。

　　浅埋藏阶段(<2.5 km)内过剩吸附量对页岩含气量贡献明显,较高的压力梯度下,页岩更快地到达最大过剩吸附量,同时由于埋深较浅,高压力梯度系统内页岩的赋存能力在埋深较浅时较高。而对于深埋藏阶段,温压的增加均导致过剩吸附量的降低,同时高压力系数储层孔隙压缩更加明显,因而压力梯度低的页岩系统具有更高的赋存能力。若考虑实际储层中吸附形变对孔隙空间的改造,吸附诱发的孔隙膨胀可保持一定的孔隙空间,从而形成了超压储层较大的赋存能力。

7.2　展望

　　页岩气藏中吸附的过程与影响因素为成藏的研究难点之一,本书针对页岩储层条件下的吸附过程与吸附效应,分析了吸附的动态变化过程与趋势,以及吸附行为背后的能量动因;结合孔隙特征、埋藏过程揭示了地质演化中页岩的含气性特征变化以及现今最大含气量随埋深变化趋势。受限于笔者知识水平与研究时间,本书还存在一些不足,以下方面有待进一步完善与改进:

　　(1)考虑动态可侵入空间的过剩量校正。在对实验测得的过剩量进行校正时,低压阶段的校正结果与理论值吻合较好,差异主要在高压阶段上,尤其是对页岩样品的校正结果,在较高的压力条件下仍保持增长趋势,该原因可能与弱表面大量存在,以及实际吸附过程中可侵入空间的动态变化有关。实际过程中,随着吸附量的增加,流体的可侵入空间随之降低,若校正过程中忽略该部分变化必然导致校正的可侵入空间大于实际,从而造成校正量的高估。

　　(2)结合储层逸散条件、构造演化的成藏过程分析。页岩气藏具自生自储性质,其生烃门槛要求较低,对于龙马溪组富有机质页岩,一般认为其生气量可满足自身赋存。但渝东南地区演化过程中,源岩的理论最大含气量的最低值与干气生成高峰相叠合,这种高压条件下的储层对气体的封闭-保存能力在书中未能涉及;同时,后期抬升过程中的构造改造以及逸散条件也为气藏形成的关键因素,而书中针对赋存能力的讨论均基于理想的理论最大含气量。针对研究区内盖层条件,以及不同地区差异构造抬升、现今构造位置的细致研究有助于进一步揭示不同构造单元的成藏演化。

附　　录

附录 1

有限石墨层展开公式

主公式：

$$\varphi_{P-L}^{(0)}(z,L,W)=2\pi\varepsilon_{sf}(\rho_s\sigma_{sf}^2)\left[(\frac{\sigma_{sf}}{z})^{10}I_{10}-(\frac{\sigma_{sf}}{z})^4I_4\right]$$

其中：

$$I_{10}=\frac{2[f_{10}(L,W,z)+f_{10}(W,L,z)]}{\pi}+$$

$$2\left\{\begin{array}{l}\dfrac{z^2(LW)^7(L^2+W^2)^4}{20}+\dfrac{z^4[h_1(L,W)+h_1(W,L)]}{80}+\dfrac{z^6[h_2(L,W)+h_2(W,L)]}{480}+\\[2mm]\dfrac{z^8[h_3(L,W)+h_3(W,L)]}{3\,840}+\dfrac{z^{10}[h_4(L,W)+h_4(W,L)]}{768}+\dfrac{z^{12}[h_5(L,W)+h_5(W,L)]}{3\,840}+\\[2mm]\dfrac{z^{14}[h_6(L,W)+h_6(W,L)]}{3\,840}+\dfrac{z^{16}[h_7(L,W)+h_7(W,L)]}{1\,920}+\dfrac{z^{18}[h_8(x,y)+h_8(W,L)]}{192}+\\[2mm]\dfrac{87LWz^{20}(L^2+W^2)}{32}+\dfrac{65LWz^{22}}{128}\end{array}\right\}$$

$$\overline{\qquad\qquad\qquad\qquad\pi(L^2+z^2)^4(W^2+z^2)^4(L^2+W^2+z^2)^4\qquad\qquad\qquad\qquad}$$

$$I_4=\frac{2[f_4(L,W,z)+f_4(W,L,z)]}{\pi}+\frac{LWz^2(L^2+W^2+2z^2)}{4\pi(L^2+z^2)(W^2+z^2)(L^2+W^2+z^2)}$$

其中：

$$f_{10}(L,W,z)=\frac{\tan^{-1}\left(\dfrac{W}{\sqrt{L^2+z^2}}\right)}{(L^2+z^2)^{9/2}}\left(\frac{1}{10}L^9+\frac{9}{20}L^7z^2+\frac{63}{80}L^5z^4+\frac{21}{32}L^3z^6+\frac{63}{256}Lz^8\right)$$

$$h_1(L,W)=(LW)^5(L^2+W^2)^3(15L^4+23L^2W^2)$$

$$h_2(L,W)=(LW)^3(L^2+W^2)^2(123L^8+943L^6W^2+892L^4W^4)$$

$$h_3(L,W)=LW(561L^{14}+9\,857L^{12}W^2+48\,663L^{10}W^4+101\,399L^8W^6)$$

$$h_4(L,W)=LW(873L^{12}+8\,162L^{10}W^2+26\,237L^8W^4+18\,972L^6W^6)$$

$$h_5(L,W)=LW(14\,769L^{10}+92\,579L^8W^2+207\,688L^6W^4)$$

$$h_6(L,W)=LW(28\ 317L^8+126\ 616L^6W^2+98\ 754L^4W^4)$$

$$h_7(L,W)=LW(16\ 761L^6+52\ 897L^4W^2)$$

$$h_8(L,W)=LW(1\ 233L^4+\frac{2\ 513}{2}L^2W^2)$$

$$f_4(L,W)=\frac{\tan^{-1}\left(\dfrac{W}{\sqrt{L^2+z^2}}\right)}{(L^2+z^2)^{3/2}}\left(\frac{1}{4}L^3+\frac{3}{8}Lz^2\right)$$

当 LJ 点位靠近石墨层表面时需要做 TSE 展开,对 z 展开:

$$\varphi_{P-L}^{(0)}=2\pi\varepsilon_{sf}(\rho_s\sigma_{sf}^2)\left[(\frac{\sigma_{sf}}{L})^{10}T_{10,z}-(\frac{\sigma_{sf}}{L})^{4}T_{4,z}\right]$$

对 z 与 L:

$$\varphi_{P-L}^{(0)}=2\pi\varepsilon_{sf}(\rho_s\sigma_{sf}^2)\left[(\frac{\sigma_{sf}}{W})^{10}T_{10,z,L}-(\frac{\sigma_{sf}}{W})^{4}T_{4,z,L}\right]$$

对 z 与 W:

$$\varphi_{P-L}^{(0)}=2\pi\varepsilon_{sf}(\rho_s\sigma_{sf}^2)\left[(\frac{\sigma_{sf}}{L})^{10}T_{10,z,w}-(\frac{\sigma_{sf}}{L})^{4}T_{4,z,w}\right]$$

其中:

$$T_{10,z}=f_{10}(z,L,W)=\frac{\pi L^{10}}{20z^{10}}-[j_1(L,W)+j_1(W,L)]+[j_2(L,W)+j_2(W,L)]z^2-$$

$$[j_3(L,W)+j_3(W,L)]z^4+O(z^5)$$

$$T_{4,z}=\frac{\pi L^4}{8z^4}-[l_1(L,W)+l_1(W,L)]+[l_2(L,W)+l_2(W,L)]+[l_3(L,W)+l_3(W,L)]+$$

$$O(z^5)$$

$$T_{10,z,L}=g_{10}(z,L,W)=\pi W^{10}\frac{2\ 048L^{14}-504L^4z^{10}+2\ 310L^2z^{12}-6\ 435z^{14}}{40\ 960L^{14}z^{10}}-$$

$$\frac{65W^4-330W^2z^2+1\ 001z^4}{715W^5}L+\frac{510W^4-3\ 094W^2z^2+10\ 920z^4}{3\ 315W^7}L^3-$$

$$\frac{2\ 261W^4-15\ 960W^2z^2+64\ 260z^4}{8\ 075W^9}L^5+O(L^6)$$

$$T_{4,z,L}=g_4(z,L,W)$$

$$=\pi W^4\frac{128L^8-48L^4z^4+80L^2z^6-105z^8}{1\ 024L^8z^4}-\frac{21W^4-45W^2z^2+70z^4}{105W^5}L+$$

$$\frac{99W^4-308W^2z^2+630z^4}{693W^7}L^3-\frac{286W^4-1\ 170W^2z^2+2\ 970z^4}{2\ 145W^9}L^5+O(L^6)$$

$$T_{10,z,w}=g_{10}(z,W,L)$$

$$T_{4,z,w}=g_4(z,W,L)$$

其中:

$$j_1(L,W)=\frac{[LW(315L^{16}+1\ 155L^{14}W^2+1\ 533L^{12}W^4+837L^{10}W^6+64L^8W^8)+315(L^2+W^2)^4L^{10}\tan^{-1}(L/W)]}{12\ 800W^{10}(L^2+W^2)^4}$$

$$j_2(L,W) = \frac{\left[LW(3\,465L^{20} + 16\,170L^{18}W^2 + 29\,568L^{16}W^4 + 26\,070L^{14}W^6 + 10\,615L^{12}W^8 + 640L^{10}W^{10}) + 3\,465(L^2 + W^2)^5 L^{12}\tan^{-1}(L/W) \right]}{30\,720L^2W^{12}(x^2 + y^2)^5}$$

$$j_3(L,W) = \frac{\left[LW(45\,045L^{24} + 255\,255L^{22}W^2 + 594\,594L^{20}W^4 + 723\,294L^{18}W^6 + 476\,905L^{16}W^8 + 154\,635L^{14}W^{10} + 7\,680L^{12}W^{12}) + 45\,045(L^2 + W^2)^6 L^{14}\tan^{-1}(L/W) \right]}{143\,360L^4W^{14}(L^2 + W^2)^6}$$

$$l_1(L,W) = \frac{\left[LW(3L^4 + L^2W^2) + 3L^4(L^2 + W^2)\tan^{-1}(L/W) \right]}{32W^4(L^2 + W^2)}$$

$$l_2(L,W) = \frac{\left[LW(15L^8 + 25L^6W^2 + 4L^4W^4) + 15L^6(L^2 + W^2)^2\tan^{-1}(L/W) \right]}{96L^2W^6(L^2 + W^2)^2}z^2$$

$$l_3(L,W) = \frac{\left[LW(105L^{12} + 280L^{10}W^2 + 231L^8W^4 + 24L^6W^6) + 105L^8(L^2 + W^2)^3\tan^{-1}(L/W) \right]}{512L^4W^8(L^2 + W^2)^3}z^4$$

附录 2　常见黏土/石英结构球棍模型及对应 SF 势能分布

球棍模型侧视,Si=蓝色,Al=青色,O=红色,H=白色,Mg=橙色,其余为层间离子,SF 势能分布俯视,$Z=0.36$ nm

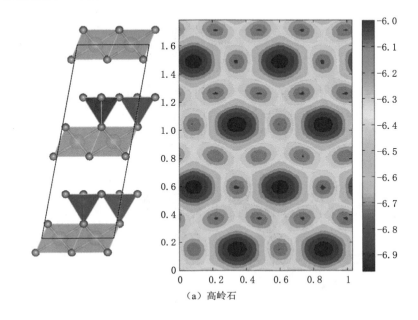

(a) 高岭石

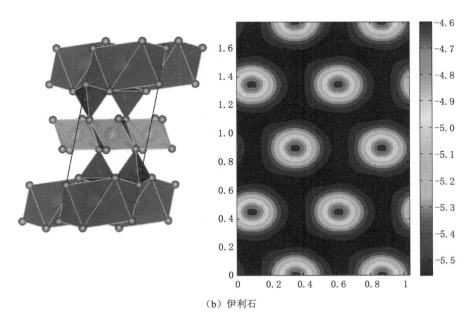

(b) 伊利石

附图 1

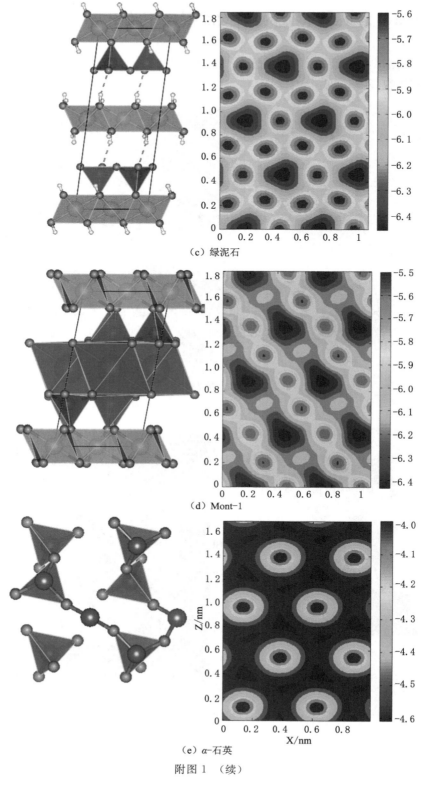

（c）绿泥石

（d）Mont-1

（e）α-石英

附图 1 （续）

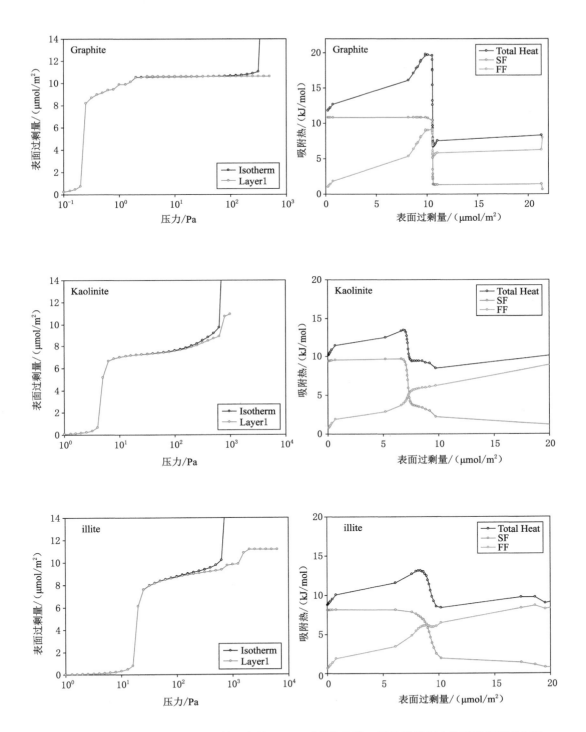

附图 2　开放黏土/石墨/石英表面低温条件(77 K)下整体及第一层吸附量(左)及系统吸附热(右)

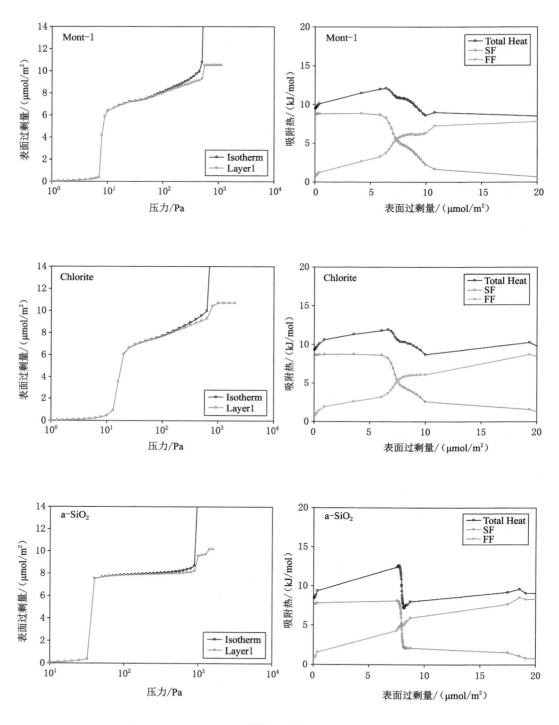

附图 2 （续）

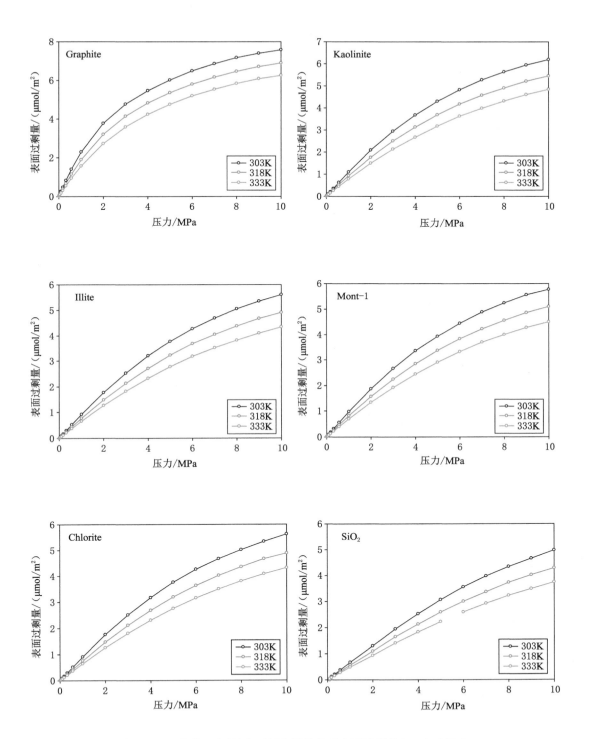

附图 3　开放黏土/石墨表面超临界条件下表面过剩量(0~10 MPa)

附录 3

附表 1　扩展 Wender 模型原子坐标　　　　　　　单位:Å

元素	X	Y	Z	元素	X	Y	Z
C	0	0	0	C	8.440 782	−16.019 9	−0.055
C	1.182 969	−0.704 96	−0.014	C	10.839 5	−16.072 6	0.181
C	2.426 673	−0.063 12	−0.188	C	12.067 69	−15.373 9	0.255
C	2.430 149	1.356 859	−0.372	C	12.064 71	−14.062 7	0.821
C	1.191 182	2.046 812	−0.371	C	10.879 44	−13.453 7	1.142
C	−0.009 04	1.389 659	−0.185	C	8.418 146	−17.426 7	−0.244
C	3.641 728	2.026 342	−0.584	C	7.165 442	−18.052 9	−0.373
C	4.795 333	1.258 239	−0.832	C	6.071 762	−17.260 6	−0.602
C	4.806 58	−0.153 24	−0.64	C	10.857 2	−17.457 2	0.074
C	3.649 854	−0.773 73	−0.167	C	9.662 282	−18.135 6	−0.258
C	5.997 353	−0.883 72	−0.665	C	13.241 9	−16.059 6	−0.088
C	7.216 922	−0.198 08	−0.743	C	13.290 64	−17.424 1	0.258
C	7.232 336	1.187 226	−1.044	C	12.069 18	−18.130 4	0.252
C	6.011 494	1.873 787	−1.166	C	14.490 7	−18.122 6	0.186
C	8.472 592	1.879 04	−1.089	C	15.588 95	−17.490 9	−0.414
C	9.634 552	1.240 467	−0.746	C	15.348 44	−16.320 3	−1.165
C	9.627 226	−0.122 84	−0.342	C	9.794 514	−19.502 6	−0.599
C	8.416 362	−0.841 57	−0.439	C	10.944 33	−20.200 1	−0.345
C	3.779 985	−2.031 13	0.447	C	12.100 01	−19.539 8	0.144
C	4.917 235	−2.802 9	0.392	C	14.539 89	−19.531 8	0.35
C	6.026 812	−2.262 74	−0.329	C	13.311 06	−20.227 4	0.314
C	8.457 054	−2.236 05	−0.403	C	16.848 66	−18.130 7	−0.359
C	7.245 52	−2.943 61	−0.554	C	16.924 89	−19.512 8	0.001
C	10.799 23	−0.816 82	0.05	C	15.762 6	−20.219 6	0.339
C	10.862 97	−2.207 22	−0.195	C	18.195 92	−20.132 3	0.018
C	9.687 645	−2.883 49	−0.502	C	19.364 64	−19.420 5	−0.21
C	12.066 17	−2.913 2 1	−0.097	C	19.279 95	−18.061 9	−0.52
C	13.189 65	−2.209 14	0.359	C	18.052 7	−17.440 2	−0.613
C	13.033 98	−0.899 52	0.837	C	6.841 096	−19.531 1	−0.356
C	11.877 13	−0.181 79	0.694	C	15.813 61	−21.704	0.634
C	7.328 52	−4.229 37	−1.18	H	−0.956 83	−0.524 72	0.146
C	8.546 699	−4.819 32	−1.435	H	1.125 684	−1.795 74	0.101
C	9.760 761	−4.206 13	−1.013	H	1.162 417	3.130 634	−0.542

元素	X	Y	Z	元素	X	Y	Z
C	12.154 1	−4.303 51	−0.422	H	6.056 923	2.953 102	−1.36
C	11.012 41	−4.876 06	−1.012	H	8.496 102	2.950 319	−1.335
C	14.452 21	−2.821 97	0.293	H	10.575 08	1.805 421	−0.798
C	14.502 9	−4.233 77	0.148	H	2.918 35	−2.402 73	1.017
C	13.339 66	−5.006 98	−0.136	H	13.888 45	−0.393 5	1.303
C	15.797 11	−4.821 39	0.176	H	6.403 8 99	−4.745 88	−1.476
C	16.964 72	−4.083 76	0.188	H	8.575 873	−5.827 85	−1.873
C	16.891 68	−2.695 25	0.236	H	11.047 43	−5.914 71	−1.369
C	15.660 37	−2.080 56	0.303	H	15.971 36	−5.903 2	0.098
C	3.687 682	3.544 747	−0.628	H	17.809 85	−2.093 56	0.242
C	11.905 93	1.234 332	1.224	H	15.639 73	−0.982 81	0.346
C	4.902 112	−4.058 71	1.285	H	3.560 062	3.931 791	−1.653
C	4.868 325	−5.496 19	0.748	H	4.633 162	3.945 128	−0.231
C	3.647 531	−6.101 71	0.389	H	2.912 765	4.004 943	0.005
C	3.577 655	−7.512 68	0.147	H	12.325 63	1.937 376	0.486
C	4.742 993	−8.297 1	0.235	H	12.527 06	1.298 495	2.131
C	5.965	−7.629 68	0.218	H	10.908 7	1.591 58	1.516
C	6.024 441	−6.298 64	0.723	H	4.035 832	−3.972 27	1.965
C	2.338 129	−8.089 76	−0.192	H	5.728 05	−3.943 27	2.002
C	1.197 219	−7.331 64	−0.289	H	2.272 21	−9.163 58	−0.419
C	1.238 222	−5.954 66	−0.044	H	0.249 598	−7.808 32	−0.577
C	2.445 062	−5.362 97	0.279	H	2.461 34	−4.283 17	0.441
C	7.261 087	−5.882 57	1.261	H	7.378 346	−4.917 67	1.767
C	8.434 11	−6.638 31	1.066	H	11.810 36	−6.496 14	1.527
C	8.358 472	−7.841 3	0.319	H	9.767 876	−5.302 4 6	2.166
C	7.111 374	−8.389 26	0.024	H	3.801 243	−10.147 9	0.845
C	9.517 791	−8.555 3	0.029	H	15.259 8	−8.334 75	−0.542
C	10.779 11	−7.997 97	0.309	H	14.270 88	−6.667 89	0.719
C	10.840 39	−6.884 1	1.187	H	14.441 79	−6.469 91	−1.078
C	9.699 506	−6.216 04	1.558	H	7.053 335	−12.012 7	−1.707
C	7.028 302	−9.789 38	−0.117	H	9.073 166	−13.217 2	−2.437
C	5.892 577	−10.446 2	0.444	H	11.469	−13.512 9	−2.266
C	4.745 935	−9.682 2	0.536	H	16.438 01	−14.155 5	−1.263
C	9.423 484	−9.827 95	−0.528	H	18.575 93	−10.960 5	0.577
C	8.154 317	−10.433 7	−0.674	H	16.620 89	−9.514 22	0.395
C	11.925 73	−8.589 97	−0.281	H	5.000 771	−11.897 6	1.738

元素	X	Y	Z	元素	X	Y	Z
C	11.823 59	−9.941 05	−0.711	H	6.680 397	−11.770 8	1.912
C	10.569 83	−10.497 5	−0.937	H	14.786 07	−14.400 2	−2.732
C	12.953 78	−10.744 6	−0.913	H	13.094 86	−14.543	−2.526
C	14.194 08	−10.172 9	−0.672	H	3.680 96	−16.645 6	−1.623
C	14.253	−8.780 92	−0.568	H	1.594 157	−15.415 2	−1.466
C	13.157 01	−7.942 6	−0.421	H	3.596 866	−12.05	0.207
C	13.722 2	−6.513 55	−0.233	H	8.466 269	−12.384	1.355
C	8.046 286	−11.604 6	−1.469	H	13.019 38	−13.554 2	1.015
C	9.168 238	−12.255 9	−1.911	H	10.88 581	−12.432 8	1.551
C	10.460 06	−11.751 4	−1.592	H	5.118 589	−17.771 7	−0.793
C	12.882 22	−12.082 7	−1.395	H	16.134 33	−15.985 5	−1.856
C	11.620 59	−12.515 5	−1.834	H	8.980 354	−20.090 4	−1.025
C	15.327 12	−11.001 3	−0.548	H	10.991 05	−21.277 1	−0.554
C	15.241 5	−12.359	−0.975	H	13.293 62	−21.325 2	0.237
C	14.025 92	−12.909 6	−1.413	H	18.300 4	−21.201 2	0.254
C	16.418 06	−13.128 9	−0.905	H	20.196 72	−17.481 7	−0.7
C	17.582 7	−12.670 1	−0.316	H	18.034 4	−16.366 5	−0.854
C	17.644 94	−11.355 9	0.14	H	7.437 577	−20.086 3	0.383
C	16.542 73	−10.540 8	0.013	H	6.969 771	−19.988	−1.35
C	5.915 84	−11.826 5	1.121	H	5.792 499	−19.698 9	−0.065
C	6.044	−13.170 5	0.388	H	16.700 61	−21.986 3	1.221
C	14.008 39	−14.349 2	−1.947	H	15.824 66	−22.291 1	−0.301
C	14.210 86	−15.557 9	−1.016	H	14.960 89	−22.045	1.238
C	4.912 112	−13.742	−0.207	H	21.246 71	−19.464 4	−0.3
C	4.932 329	−15.079	−0.716	H	19.049 27	−13.360 3	0.635
C	6.098 631	−15.857 1	−0.548	H	18.761 72	−4.270 25	−0.371
C	7.277 248	−15.250 6	−0.114	H	−1.084 41	2.944 251	−0.371
C	7.232 014	−13.922 2	0.41	H	0.314 614	−4.330 93	−0.163
C	3.723 077	−15.630 6	−1.206	H	0.645 207	−13.615 5	−0.337
C	2.529 19	−14.952 7	−1.113	O	20.552 26	−20.083 6	−0.121
C	2.498 527	−13.665 6	−0.587	O	18.618 84	−13.548 8	−0.189
C	3.677 913	−13.064 3	−0.191	O	18.144 65	−4.775 46	0.139
C	8.420 455	−13.404 7	0.956	O	−1.215 27	2.026 918	−0.177
C	9.640 395	−14.083 7	0.83	O	0.075 207	−5.246 26	−0.146
C	9.637 318	−15.398 3	0.29	O	1.336 951	−12.973 7	−0.436

附录 4

附表　微孔范围内不同计算方法所得可侵入体积

单位:nm³

孔径 /nm	系统体积 (V_Box)	甲烷可侵入体积 (V_CH4)	氮气可侵入体积 (V_He)	不同温度 He 标定体积	
				V_{He_333K}	V_{He_333K}
0.6	9.27	0.33	1.84	4.33	4.04
0.65	10.04	1.10	2.55	5.66	5.29
0.7	10.81	1.84	3.25	6.71	6.32
0.8	12.35	3.24	4.74	8.45	8.06
0.9	13.90	4.70	6.25	10.06	9.68
1	15.44	6.20	7.77	11.63	11.25
1.1	16.99	7.71	9.32	13.19	12.81
1.2	18.53	9.25	10.84	14.75	14.37
1.3	20.08	10.79	12.40	16.31	15.93
1.4	21.62	12.31	13.94	17.85	17.48
1.5	23.16	13.86	15.47	19.41	19.03
1.6	24.71	15.41	17.02	20.96	20.58
1.7	26.25	16.94	18.55	22.50	22.12
1.8	27.80	18.48	20.10	24.05	23.66
1.9	29.34	20.02	21.66	25.58	25.20
2	30.89	21.55	23.21	27.13	26.76
3	46.33	37.03	38.67	42.58	42.22
4	61.77	52.47	54.17	58.02	57.67
开放表面*	46.33	41.71	42.50	44.17	44.02

* 开放表面由 $H=6.0$ nm 平行板孔取下半部计算所得。

附录 5

Bojan-Steele 相互作用公式

主公式：

$$\varphi_{S1,S2}=2\pi(L_y\rho_{s1})(\rho_{s2}\sigma_{s1,s2}^3)\varepsilon_{s1,s2}\{[H_R(z,b)-H_R(z,a)]-[H_A(z,b)-H_A(z,a)]\}$$

其中 L_y 为上部 Bojan-Steele 宽度，σ_{s1}、ε_{s1}、ρ_{s1}、σ_{s2}、ε_{s2}、ρ_{s2} 分别为上部、下部 Bojan-Steele 结构的原子直径、强度及平均原子密度，z 为上下 Bojan-Steele 间距离，a、b 分别为上部 Bojan 在下部 Bojan 上的投影坐标。上式中斥力部分（H_R）与引力部分（H_A）分别为：

$$H_R(z,B)=\left\{-\frac{1}{5}\frac{\sigma_{s1s1}^9}{z^{10}}(R^{\pm})^{1/2}+\frac{1}{10}\frac{\sigma_{s1s1}^9}{z^8}\frac{1}{(R^{\pm})^{1/2}}+\frac{1}{40}\frac{\sigma_{s1s1}^9}{z^6}\frac{1}{(R^{\pm})^{3/2}}+\frac{1}{80}\frac{\sigma_{s1s1}^9}{z^4}\frac{1}{(R^{\pm})^{5/2}}+\right.$$
$$\left.\frac{1}{128}\frac{\sigma_{s1s1}^9}{z^2}\frac{1}{(R^{\pm})^{7/2}}\right\}$$

$$H_A(z,B)=\left\{-\frac{1}{2}\frac{\sigma_{s1s2}^3}{z^4}(R^{\pm})^{1/2}+\frac{1}{4}\frac{\sigma_{s1s2}^3}{z^2}\frac{1}{(R^{\pm})^{1/2}}\right\}$$

其中：

$$R^{\pm}=\left[(\pm\frac{L_{S2}}{2}-B)^2+z^2\right]$$

L_{S2} 为下部 Bojan-Steele 宽度。

参 考 文 献

［1］CURTIS J B. Fractured shale-gas systems[J]. AAPG Bulletin,2002,86:1921-1938.

［2］张金川,薛会,张德明,等.页岩气及其成藏机理[J].现代地质,2003,17(4):466

［3］张金川,金之钧,袁明生.页岩气成藏机理和分布[J].天然气工业,2004,24(7):15-18.

［4］张志强,郑军卫.低渗透油气资源勘探开发技术进展[J].地球科学进展,2009,24(8):854-864.

［5］CURTIS M E,SONDERGELD C H,AMBROSE R J,et al. Microstructural investigation of gas shales in two and three dimensions using nanometer-scale resolution imaging[J]. AAPG Bulletin,2012,96(4):665-677.

［6］JARVIE D M,HILL R J,RUBLE T E,et al. Unconventional shale-gas systems:the Mississippian Barnett Shale of north-central Texas as one model for thermogenic shale-gas assessment[J]. AAPG Bulletin,2007,91(4):475-499.

［7］POLLASTRO R M,JARVIE D M,HILL R J,et al. Geologic framework of the Mississippian Barnett Shale,Barnett-Paleozoic total petroleum system,Bend arch-Fort Worth Basin,Texas[J]. AAPG Bulletin,2007,91(4):405-436.

［8］CHALMERS G R L,BUSTIN R M. Lower Cretaceous gas shales in northeastern British Columbia,Part I:geological controls on methane sorption capacity[J]. Bulletin of Canadian Petroleum Geology,2008,56(1):1-21.

［9］WEIJERMARS R. Shale gas technology innovation rate impact on economic Base Case-Scenario model benchmarks[J]. Applied Energy,2015,139:398-407.

［10］聂海宽,唐玄,边瑞康.页岩气成藏控制因素及中国南方页岩气发育有利区预测[J].石油学报,2009,30(4):484-491.

［11］张金川,姜生玲,唐玄,等.我国页岩气富集类型及资源特点[J].天然气工业,2009,29(12):109-114.

［12］朱炎铭,陈尚斌,方俊华,等.四川地区志留系页岩气成藏的地质背景[J].煤炭学报,2010,35(7):1160-1164.

［13］邹才能,杨智,张国生,等.常规-非常规油气"有序聚集"理论认识及实践意义[J].石油勘探与开发,2014,41(1):14-25.

［14］张金川,徐波,聂海宽,等.中国页岩气资源勘探潜力[J].天然气工业,2008,28(6):

136-140.

[15] 王红岩,李景明,赵群,等.中国新能源资源基础及发展前景展望[J].石油学报,2009,30(3):469-474

[16] 邹才能,董大忠,王社教,等.中国页岩气形成机理、地质特征及资源潜力[J].石油勘探与开发,2010,37(6):641-653.

[17] 唐颖,张金川,张琴,等.页岩气井水力压裂技术及其应用分析[J].天然气工业,2010,30(10):33-38.

[18] 孙海成,汤达祯,蒋廷学,等.页岩气储层压裂改造技术[J].油气地质与采收率,2011,18(4):90-93.

[19] 郭庆,申峰,乔红军,等.鄂尔多斯盆地延长组页岩气储层改造技术探讨[J].石油地质与工程,2012,26(2):96-98.

[20] XIE J. Rapid shale gas development accelerated by the progress in key technologies:a case study of the Changning-Weiyuan National Shale Gas Demonstration Zone[J]. Natural Gas Industry B,2018,5(4):283-292.

[21] CHEN S,ZHU Y,WANG H,et al. Shale gas reservoir characterisation:a typical case in the southern Sichuan Basin of China[J]. Energy,2011,36(11):6609-6616.

[22] TIAN H,PAN L,XIAO X,et al. A preliminary study on the pore characterization of Lower Silurian black shales in the Chuandong Thrust Fold Belt,southwestern China using low pressure N_2 adsorption and FE-SEM methods[J]. Marine and Petroleum Geology,2013,48:8-19.

[23] LIANG C,JIANG Z,ZHANG C,et al. The shale characteristics and shale gas exploration prospects of the Lower Silurian Longmaxi shale,Sichuan Basin,South China [J]. Journal of Natural Gas Science and Engineering,2014,21:636-648.

[24] WANG Y,ZHU Y M,CHEN S B,et al. Characteristics of the nanoscale pore structure in northwestern Hunan shale gas reservoirs using field emission scanning electron microscopy,high-pressure mercury intrusion,and gas adsorption[J]. Energy & Fuels,2014,28(2):945-955.

[25] 徐士林,包书景.鄂尔多斯盆地三叠系延长组页岩气形成条件及有利发育区预测[J].天然气地球科学,2009,20(3):460-465.

[26] 王凤琴,王香增,张丽霞,等.页岩气资源量计算:以鄂尔多斯盆地中生界三叠系延长组长7为例[J].地学前缘,2013,20(3):240-246.

[27] JI W,SONG Y,JIANG Z,et al. Geological controls and estimation algorithms of lacustrine shale gas adsorption capacity:a case study of the Triassic strata in the southeastern Ordos Basin,China[J]. International Journal of Coal Geology,2014,134/135:61-73.

[28] TANG X,ZHANG J,JIN Z,et al. Experimental investigation of thermal maturation on shale reservoir properties from hydrous pyrolysis of Chang 7 shale,Ordos Basin

[J]. Marine and Petroleum Geology,2015,64:165-172.

[29] 邹才能,翟光明,张光亚,等. 全球常规-非常规油气形成分布、资源潜力及趋势预测[J]. 石油勘探与开发,2015,42(1):13-25.

[30] THOMMES M,KANEKO K,NEIMARK A V,et al. Physisorption of gases,with special reference to the evaluation of surface area and pore size distribution (IUPAC Technical Report)[J]. Pure and Applied Chemistry,2015,87(9/10):1051-1069.

[31] 钟太贤. 中国南方海相页岩孔隙结构特征[J]. 天然气工业,2012,32(9):1-4.

[32] BOWKER K A. Barnett Shale gas production,Fort Worth Basin:issues and discussion[J]. AAPG Bulletin,2007,91(4):523-533.

[33] ROSS D J K,MARC BUSTIN R. The importance of shale composition and pore structure upon gas storage potential of shale gas reservoirs[J]. Marine and Petroleum Geology,2009,26(6):916-927.

[34] LOUCKS R G,REED R M,RUPPEL S C,et al. Spectrum of pore types and networks in mudrocks and a descriptive classification for matrix-related mudrock pores[J]. AAPG Bulletin,2012,96(6):1071-1098.

[35] LOUCKS R G,REED R M,RUPPEL S C,et al. Morphology,genesis,and distribution of nanometer-scale pores in siliceous mudstones of the Mississippian barnett shale[J]. Journal of Sedimentary Research,2009,79(12):848-861.

[36] CHALMERS G R,BUSTIN R M,POWER I M. Characterization of gas shale pore systems by porosimetry,pycnometry,surface area,and field emission scanning electron microscopy/transmission electron microscopy image analyses:examples from the Barnett,Woodford,Haynesville,Marcellus,and Doig units[J]. AAPG Bulletin,2012, 96(6):1099-1119.

[37] TANG X L,JIANG Z X,LI Z,et al. The effect of the variation in material composition on the heterogeneous pore structure of high-maturity shale of the Silurian Longmaxi formation in the southeastern Sichuan Basin,China[J]. Journal of Natural Gas Science and Engineering,2015,23:464-473.

[38] ZHANG H,ZHU Y M,WANG Y,et al. Comparison of organic matter occurrence and organic nanopore structure within marine and terrestrial shale[J]. Journal of Natural Gas Science and Engineering,2016,32:356-363.

[39] CHEN S B,HAN Y F,FU C Q,et al. Micro and nano-size pores of clay minerals in shale reservoirs:implication for the accumulation of shale gas[J]. Sedimentary Geology,2016,342:180-190.

[40] YI J Z,BAO H Y,ZHENG A W,et al. Main factors controlling marine shale gas enrichment and high-yield wells in South China:a case study of the Fuling shale gas field[J]. Marine and Petroleum Geology,2019,103:114-125.

[41] ROMERO-SARMIENTO M,DUCROS M,CARPENTIER B,et al. Quantitative eval-

uation of TOC, organic porosity and gas retention distribution in a gas shale play using petroleum system modeling: application to the Mississippian Barnett Shale[J]. Marine and Petroleum Geology, 2013, 45: 315-330.

[42] 武景淑, 于炳松, 张金川, 等. 渝东南渝页 1 井下志留统龙马溪组页岩孔隙特征及其主控因素[J]. 地学前缘, 2013, 20(3): 260-269.

[43] GUO X W, QIN Z J, YANG R, et al. Comparison of pore systems of clay-rich and silica-rich gas shales in the lower Silurian Longmaxi formation from the Jiaoshiba area in the eastern Sichuan Basin, China[J]. Marine and Petroleum Geology, 2019, 101: 265-280.

[44] 张寒, 朱炎铭, 夏筱红, 等. 页岩中有机质与黏土矿物对甲烷吸附能力的探讨[J]. 煤炭学报, 2013, 38(5): 812-816.

[45] GASPARIK M, BERTIER P, GENSTERBLUM Y, et al. Geological controls on the methane storage capacity in organic-rich shales[J]. International Journal of Coal Geology, 2014, 123: 34-51.

[46] WANG S B, SONG Z G, CAO T T, et al. The methane sorption capacity of Paleozoic shales from the Sichuan Basin, China[J]. Marine and Petroleum Geology, 2013, 44: 112-119.

[47] LI Q W, PANG X Q, TANG L, et al. Occurrence features and gas content analysis of marine and continental shales: a comparative study of Longmaxi Formation and Yanchang Formation[J]. Journal of Natural Gas Science and Engineering, 2018, 56: 504-522.

[48] 刘忠宝, 高波, 武清钊, 等. 页岩有机-无机复合型孔隙及其控气作用: 以川西南地区筇竹寺组为例[J]. 海相油气地质, 2018, 23(4): 42-50.

[49] AMBROSE R J, HARTMAN R C, DIAZ-CAMPOS M, et al. Shale gas-in-place calculations part I: new pore-scale considerations[J]. SPE Journal, 2012, 17(1): 219-229.

[50] WANG Z G. Reservoir forming conditions and key exploration and development technologies for marine shale gas fields in Fuling area, South China[J]. Petroleum Research, 2018, 3(3): 197-209.

[51] 亢韦. 渝南地区龙马溪组笔石页岩相与页岩气成藏关系探讨[D]. 徐州: 中国矿业大学, 2015.

[52] 邱振, 董大忠, 卢斌, 等. 中国南方五峰组-龙马溪组页岩中笔石与有机质富集关系探讨[J]. 沉积学报, 2016, 34(6): 1011-1020.

[53] CHEN S B, ZHU Y M, QIN Y, et al. Reservoir evaluation of the Lower Silurian Longmaxi Formation shale gas in the southern Sichuan Basin of China[J]. Marine and Petroleum Geology, 2014, 57: 619-630.

[54] GUO X S, HU D F, LI Y P, et al. Geological factors controlling shale gas enrichment and high production in Fuling shale gas field[J]. Petroleum Exploration and Develop-

ment,2017,44(4):513-523.

[55] GAO J,ZHANG J K,HE S,et al. Overpressure generation and evolution in Lower Paleozoic gas shales of the Jiaoshiba region,China:implications for shale gas accumulation[J]. Marine and Petroleum Geology,2019,102:844-859.

[56] 杨迪,刘树根,单钰铭,等.四川盆地东南部习水地区上奥陶统-下志留统泥页岩裂缝发育特征[J].成都理工大学学报(自然科学版),2013,40(5):543-553.

[57] 郭彤楼,张汉荣.四川盆地焦石坝页岩气田形成与富集高产模式[J].石油勘探与开发,2014,41(1):28-36.

[58] 王阳.上扬子区龙马溪组页岩微孔缝结构演化与页岩气赋存[D].徐州:中国矿业大学,2017.

[59] 付常青.渝东南五峰组-龙马溪组页岩储层特征与页岩气富集研究[D].徐州:中国矿业大学,2017.

[60] 方志雄,何希鹏.渝东南武隆向斜常压页岩气形成与演化[J].石油与天然气地质,2016,37(6):819-827.

[61] 刘鹏.焦石坝地区构造演化及其对页岩气成藏的控制[D].徐州:中国矿业大学,2017.

[62] 胡璐宇.渝东南地区构造特征及其对页岩气富集的影响[D].徐州:中国矿业大学,2017.

[63] 闫剑飞.黔北地区上奥陶统五峰组-下志留统龙马溪组黑色岩系页岩气富集条件与分布特征[D].成都:成都理工大学,2017.

[64] 彭粲璨,唐建军.湘西北地区页岩气钻井防喷井控技术研究[J].探矿工程-岩土钻掘工程,2015,42(3):15-19.

[65] 郭旭升.四川盆地涪陵平桥页岩气田五峰组-龙马溪组页岩气富集主控因素[J].天然气地球科学,2019,30(1):1-10.

[66] 何希鹏,高玉巧,唐显春,等.渝东南地区常压页岩气富集主控因素分析[J].天然气地球科学,2017,28(4):654-664.

[67] 何希鹏,何贵松,高玉巧,等.渝东南盆缘转换带常压页岩气地质特征及富集高产规律[J].天然气工业,2018,38(12):1-14.

[68] 武景淑,于炳松,李玉喜.渝东南渝页1井页岩气吸附能力及其主控因素[J].西南石油大学学报(自然科学版),2012,34(4):40-48.

[69] 张鹏,张金川,魏晓亮,等.桐页1井五峰-龙马溪组页岩特征[J].煤炭技术,2018,37(12):91-94.

[70] 葛明娜,庞飞,包书景.贵州遵义五峰组-龙马溪组页岩微观孔隙特征及其对含气性控制:以安页1井为例[J].石油实验地质,2019,41(1):23-30.

[71] 张鹏,张金川,黄宇琪,等.习页1井五峰组-龙马溪组页岩特征及含气性评价[J].资源与产业,2015,17(4):48-55.

[72] 毕赫,姜振学,李鹏,等.渝东南地区黔江凹陷五峰组-龙马溪组页岩储层特征及其对含气量的影响[J].天然气地球科学,2014,25(8):1275-1283.

[73] 张志平,曾春林,张烨,等.金溪地区的页岩气地质特征及勘探方向研究[J].重庆科技学院学报(自然科学版),2019,21(1):5-8.

[74] 唐令,宋岩,姜振学,等.渝东南盆缘转换带龙马溪组页岩气散失过程、能力及其主控因素[J].天然气工业,2018,38(12):37-47.

[75] 刘人和,张瀛涵,刘洛夫,等.渝东南地区海相页岩气保存条件评价[J].能源与环保,2017,39(6):13-17.

[76] 李超.构造特征对志留系龙马溪组页岩气保存条件的影响:以酉阳地区为例[D].成都:西南石油大学,2017.

[77] 高玉巧,何希鹏,李建青,等.渝东南地区常压页岩气勘探研究进展[C]//中国矿物岩石地球化学学会第15届学术年会,中国吉林长春,2015.

[78] 聂海宽,汪虎,何治亮,等.常压页岩气形成机制、分布规律及勘探前景:以四川盆地及其周缘五峰组-龙马溪组为例[J].石油学报,2019,40(2):131-143.

[79] DO D D. Adsorption Analysis:Equlibria and Kineti[M].[s. l.]:Imperial College Press,1998.

[80] DO D D,DO H D,FAN C Y,et al. On the existence of negative excess isotherms for argon adsorption on graphite surfaces and in graphitic pores under supercritical conditions at pressures up to 10,000 atm[J]. Langmuir,2010,26(7):4796-4806.

[81] LEE J H,GUGGENHEIM S. Single-crystal X-ray refinement of pyrophyllite-1Tc [J]. American Mineralogist,1981,66(3/4):350-357.

[82] REFSON K,PARK S H,SPOSITO G. Abinitio computational crystallography of 2:1 clay minerals:1. pyrophyllite-1Tc[J]. The Journal of Physical Chemistry B,2003,107 (48):13376-13383.

[83] CROTEAU T,BERTRAM A K,PATEY G N. Adsorption and structure of water on kaolinite surfaces:possible insight into ice nucleation from grand canonical Monte Carlo calculations [J]. The Journal of Physical Chemistry A,2008,112(43):10708-10712.

[84] ZHANG B,KANG J T,KANG T H. Effect of water on methane adsorption on the kaolinite (0 0 1) surface based on molecular simulations[J]. Applied Surface Science,2018,439:792-800.

[85] ZEITLER T R,GREATHOUSE J A,CYGAN R T,et al. Molecular dynamics simulation of resin adsorption at kaolinite edge sites:effect of surface deprotonation on interfacial structure [J]. The Journal of Physical Chemistry C,2017,121(41):22787-22796.

[86] SKIPPER N T,REFSON K,MCCONNELL J D C. Computer simulation of interlayer water in 2:1 clays[J]. The Journal of Chemical Physics,1991,94(11):7434-7445.

[87] SKIPPER N T,CHANG F R C,SPOSITO G. Monte Carlo simulation of interlayer molecular structure in swelling clay minerals. 1. methodology[J]. Clays and Clay

Minerals,1995,43(3):285-293.

[88] SKIPPER N T,CHANG F R C,SPOSITO G. Monte Carlo simulation of interlayer molecular structure in swelling clay minerals. 1. methodology[J]. Clays and Clay Minerals,1995,43(3):285-293.

[89] TITILOYE J O,SKIPPER N T. Monte Carlo and molecular dynamics simulations of methane in potassium montmorillonite clay hydrates at elevated pressures and temperatures[J]. Journal of Colloid and Interface Science,2005,282(2):422-427.

[90] CYGAN R T,LIANG J,KALINICHEV A G. Molecular models of hydroxide, oxyhydroxide,and clay phases and the development of a general force field[J]. Journal of Physical Chemistry B,2004,108(4):1255-1266.

[91] CYGAN R T,ROMANOV V N,MYSHAKIN E M. Molecular simulation of carbon dioxide capture by montmorillonite using an accurate and flexible force field[J]. The Journal of Physical Chemistry C,2012,116(24):13079-13091.

[92] YANG N N,LIU S Y,YANG X N. Molecular simulation of preferential adsorption of CO_2 over CH_4 in Na-montmorillonite clay material[J]. Applied Surface Science,2015, 356:1262-1271.

[93] SHAHRIYARI R,KHOSRAVI A,AHMADZADEH A. Nanoscale simulation of Na-Montmorillonite hydrate under basin conditions,application of CLAYFF force field in parallel GCMC[J]. Molecular Physics,2013,111(20):3156-3167.

[94] CYGAN R T,GUGGENHEIM S,KOSTER VAN GROOS A F. Molecular models for the intercalation of methane hydrate complexes in montmorillonite clay[J]. The Journal of Physical Chemistry B,2004,108(39):15141-15149.

[95] ZHANG X,YI H,ZHAO Y L,et al. Study on the differences of Na- and Ca-montmorillonites in crystalline swelling regime through molecular dynamics simulation[J]. Advanced Powder Technology,2016,27(2):779-785.

[96] TENNEY C M,LASTOSKIE C M. Molecular simulation of carbon dioxide adsorption in chemically and structurally heterogeneous porous carbons[J]. Environmental Progress,2006,25(4):343-354.

[97] XIONG J,LIU X J,LIANG L X,et al. Adsorption of methane in organic-rich shale nanopores:an experimental and molecular simulation study[J]. Fuel, 2017, 200: 299-315.

[98] WARREN B E. X-ray diffraction study of carbon black[J]. The Journal of Chemical Physics,1934,2(9):551-555.

[99] SAITO Y,YOSHIKAWA T,BANDOW S,et al. Interlayer spacings in carbon nanotubes[J]. Physical Review B,1993,48(3):1907-1909.

[100] CROWELL A D. Potential energy functions for graphite[J]. The Journal of Chemical Physics,1958,29(2):446-447.

[101] STEELE W A. The physical interaction of gases with crystalline solids[J]. Surface Science,1973,36(1):317-352.

[102] BOJAN M J,STEELE W A. Computer simulation of physisorption on a heterogeneous surface[J]. Surface Science,1988,199(3):395-402.

[103] LIU L M,ZENG Y H,DO D D,et al. Development of averaged solid-fluid potential energies for layers and solids of various geometries and dimensionality[J]. Adsorption,2018,24(1):1-9.

[104] MATHEWS J,CHAFFEE A. The molecular representations of coal:a review[J]. Fuel,2012,96:1-14.

[105] BOUSIGE C,GHIMBEU C M,VIX-GUTERL C,et al. Realistic molecular model of kerogen's nanostructure[J]. Nature Materials,2016,15(5):576-582.

[106] YOU Y L,HAN X X,WANG X Y,et al. Evolution of gas and shale oil during oil shale kerogen pyrolysis based on structural characteristics[J]. Journal of Analytical and Applied Pyrolysis,2019,138:203-210.

[107] AGRAWAL V,SHARMA S. Molecular characterization of kerogen and its implications for determining hydrocarbon potential,organic matter sources and thermal maturity in Marcellus Shale[J]. Fuel,2018,228:429-437.

[108] COLLELL J,GALLIERO G,GOUTH F,et al. Molecular simulation and modelisation of methane/ethane mixtures adsorption onto a microporous molecular model of kerogen under typical reservoir conditions[J]. Microporous and Mesoporous Materials,2014,197:194-203.

[109] ZHOU B,XU R,JIANG P X. Novel molecular simulation process design of adsorption in realistic shale kerogen spherical pores[J]. Fuel,2016,180:718-726.

[110] FAN C,RAZAK M A,DO D,et al. On the identification of the sharp spike in the heat curve for argon,nitrogen,and methane adsorption on graphite:reconciliation between computer simulation and experiments[J]. Journal of Physical Chemistry C, 2012,116:953-962.

[111] ZHANG H,TAN S J,LIU L M,et al. Comparison of the adsorption transitions of methane and krypton on graphite at sub-monolayer coverage[J]. The Journal of Physical Chemistry C,2018,122(14):7737-7748.

[112] MARX R,WASSERMANN E F. 2D phase diagram of methane adsorbed on (0001) graphite[J]. Surface Science,1982,117(1/2/3):267-276.

[113] INABA A,KOGA Y,MORRISON J A. Multilayers of methane adsorbed on graphite [J]. Journal of the Chemical Society,Faraday Transactions Ⅱ,1986,82(10):1635.

[114] INABA A,MORRISON J A. The wetting transition and adsorption/desorption hysteresis for the CH_4/graphite system[J]. Chemical Physics Letters,1986,124(4): 361-364.

[115] HERRERA L,FAN C Y,DO D D,et al. A revisit to the Gibbs dividing surfaces and helium adsorption[J]. Adsorption,2011,17(6):955-965.

[116] HERRERA L,DO D D,NICHOLSON D. A Monte Carlo integration method to determine accessible volume,accessible surface area and its fractal dimension[J]. Journal of Colloid and Interface Science,2010,348(2):529-536.

[117] PHADUNGBUT P,HERRERA L F,DO D D,et al. Computational methodology for determining textural properties of simulated porous carbons[J]. Journal of Colloid and Interface Science,2017,503:28-38.

[118] PRASETYO L,DO D D,NICHOLSON D. A coherent definition of Henry constant and isosteric heat at zero loading for adsorption in solids-An absolute accessible volume[J]. Chemical Engineering Journal,2018,334:143-152.

[119] LI J,CHEN Z X,WU K L,et al. A multi-site model to determine supercritical methane adsorption in energetically heterogeneous shales[J]. Chemical Engineering Journal,2018,349:438-455.

[120] ROUQUEROL J,ROUQUEROL F,LLEWELLYN P,et al. Surface excess amounts in high-pressure gas adsorption:issues and benefits[J]. Colloids and Surfaces A:Physicochemical and Engineering Aspects,2016,496:3-12.

[121] PHADUNGBUT P,FAN C,DO D D,et al. Determination of absolute adsorption for argon on flat surfaces under sub-and supercritical conditions[J]. Colloids and Surfaces A:Physicochemical and Engineering Aspects,2015,480:19-27.

[122] PINI R. Interpretation of net and excess adsorption isotherms in microporous adsorbents[J]. Microporous and Mesoporous Materials,2014,187:40-52.

[123] MALBRUNOT P,VIDAL D,VERMESSE J,et al. Adsorption measurements of argon,neon,krypton,nitrogen,and methane on activated carbon up to 650 MPa[J]. Langmuir,1992,8(2):577-580.

[124] MALBRUNOT P,VIDAL D,VERMESSE J,et al. Adsorbent helium density measurement and its effect on adsorption isotherms at high pressure[J]. Langmuir,1997,13(3):539-544.

[125] MALBRUNOT P,VIDAL D,VERMESSE J. Storage of gases at room temperature by adsorption at high pressure[J]. Applied Thermal Engineering,1996,16(5):375-382.

[126] 周理,李明,周亚平. 超临界甲烷在高表面活性炭上的吸附测量及其理论分析[J]. 中国科学(B 辑),2000(1):49-56.

[127] CHAROENSUPPANIMIT P,MOHAMMAD S A,ROBINSON R L,et al. Modeling the temperature dependence of supercritical gas adsorption on activated carbons,coals and shales[J]. International Journal of Coal Geology,2015,138:113-126.

[128] JIANG W B,LIN M. Molecular dynamics investigation of conversion methods for

excess adsorption amount of shale gas[J]. Journal of Natural Gas Science and Engineering,2018,49:241-249.

[129] HWANG J,JOSS L,PINI R. Measuring and modelling supercritical adsorption of CO_2 and CH_4 on montmorillonite source clay[J]. Microporous and Mesoporous Materials,2019,273:107-121.

[130] SPECOVIUS J,FINDENEGG G H. Physical adsorption of gases at high pressures: argon and methane onto graphitized carbon black[J]. Berichte Der Bunsengesellschaft Für Physikalische Chemie,1978,82(2):174-180.

[131] ZHOU L,ZHOU Y P,LI M,et al. Experimental and modeling study of the adsorption of supercritical methane on a high surface activated carbon[J]. Langmuir,2000,16(14):5955-5959.

[132] MUSAB A R. Fundamental study of methane adsorption under sub- and supercritical conditions on carbonaceous solid for natural gas storage[D]. Brisbane:University of Queensland,2012.

[133] RAZAK M A,DO D D,HORIKAWA T,et al. On the description of isotherms of CH_4 and C_2H_4 adsorption on graphite from subcritical to supercritical conditions [J]. Adsorption,2013,19(1):131-142.

[134] PANG Y,TIAN Y,SOLIMAN M Y,et al. Experimental measurement and analytical estimation of methane absorption in shale kerogen[J]. Fuel,2019,240:192-205.

[135] ZHANG T,ELLIS G S,RUPPEL S C,et al. Effect of organic-matter type and thermal maturity on methane adsorption in shale-gas systems[J]. Organic Geochemistry,2012,47:120-131.

[136] PEREZ F,DEVEGOWDA D. Estimation of adsorbed-phase density of methane in realistic overmature kerogen models using molecular simulations for accurate gas in place calculations[J]. Journal of Natural Gas Science and Engineering,2017,46:865-872.

[137] FAN E P,TANG S H,ZHANG C L,et al. Methane sorption capacity of organics and clays in high-over matured shale-gas systems[J]. Energy Exploration & Exploitation,2014,32(6):927-942.

[138] SONG X,LÜ X X,SHEN Y Q,et al. A modified supercritical Dubinin-Radushkevich model for the accurate estimation of high pressure methane adsorption on shales[J]. International Journal of Coal Geology,2018,193:1-15.

[139] REXER T F,MATHIA E J,APLIN A C,et al. High-pressure methane adsorption and characterization of pores in posidonia shales and isolated kerogens[J]. Energy & Fuels,2014,28(5):2886-2901.

[140] 降文萍,崔永君,张群,等. 煤表面与CH_4、CO_2相互作用的量子化学研究[J]. 煤炭学报,2006,31(2):237-240.

[141] 降文萍. 煤阶对煤吸附能力影响的微观机理研究[J]. 中国煤层气, 2009, 6(2): 19-22.

[142] 程鹏, 肖贤明. 很高成熟度富有机质页岩的含气性问题[J]. 煤炭学报, 2013, 38(5): 737-741.

[143] JI L, ZHANG T, MILLIKEN K L, et al. Experimental investigation of main controls to methane adsorption in clay-rich rocks[J]. Applied Geochemistry, 2012, 27(12): 2533-2545.

[144] HELLER R, ZOBACK M. Adsorption of methane and carbon dioxide on gas shale and pure mineral samples[J]. Journal of Unconventional Oil and Gas Resources, 2014, 8: 14-24.

[145] REXER T F T, BENHAM M J, APLIN A C, et al. Methane adsorption on shale under simulated geological temperature and pressure conditions[J]. Energy & Fuels, 2013, 27(6): 3099-3109.

[146] ZOU J, REZAEE R, LIU K Q. Effect of temperature on methane adsorption in shale gas reservoirs[J]. Energy & Fuels, 2017, 31(11): 12081-12092.

[147] MIYAWAKI J, KANEKO K. Pore width dependence of the temperature change of the confined methane density in slit-shaped micropores[J]. Chemical Physics Letters, 2001, 337(4/5/6): 243-247.

[148] 吉利明, 邱军利, 夏燕青, 等. 常见黏土矿物电镜扫描微孔隙特征与甲烷吸附性[J]. 石油学报, 2012, 33(2): 249-256.

[149] VAN SLOOTEN R, BOJAN M J, STEELE W A. Computer simulations of the high-temperature adsorption of methane in a sulfided graphite micropore[J]. Langmuir, 1994, 10(2): 542-548.

[150] WANG Y, ZHU Y M, LIU S M, et al. Pore characterization and its impact on methane adsorption capacity for organic-rich marine shales[J]. Fuel, 2016, 181: 227-237.

[151] CHEN S, ZHU Y, CHEN S, et al. Hydrocarbon generation and shale gas accumulation in the Longmaxi Formation, Southern Sichuan Basin, China[J]. Marine and Petroleum Geology, 2017, 86: 248-258.

[152] NGUYEN V T, DO D D, NICHOLSON D. Solid deformation induced by the adsorption of methane and methanol under sub- and supercritical conditions[J]. Journal of Colloid and Interface Science, 2012, 388(1): 209-218.

[153] ZENG Y H, LIU L M, ZHANG H, et al. A Monte Carlo study of adsorption-induced deformation in wedge-shaped graphitic micropores[J]. Chemical Engineering Journal, 2018, 346: 672-681.

[154] PAN Z, CONNELL L D. A theoretical model for gas adsorption-induced coal swelling[J]. International Journal of Coal Geology, 2007, 69(4): 243-252.

[155] ZHOU D, FENG Z, ZHAO D, et al. Experimental study of meso-structural deformation of coal during methane adsorption-desorption cycles[J]. Journal of Natural Gas

Science and Engineering, 2017, 42:243-251.

[156] DAY S, FRY R, SAKUROVS R. Swelling of moist coal in carbon dioxide and methane[J]. International Journal of Coal Geology, 2011, 86(2/3):197-203.

[157] LIU Z X, FENG Z C, ZHANG Q M, et al. Heat and deformation effects of coal during adsorption and desorption of carbon dioxide[J]. Journal of Natural Gas Science and Engineering, 2015, 25:242-252.

[158] CHEN T Y, FENG X T, PAN Z J. Experimental study on kinetic swelling of organic-rich shale in CO_2, CH_4 and N_2[J]. Journal of Natural Gas Science and Engineering, 2018, 55:406-417.

[159] LYU Q, RANJITH P G, LONG X P et al. A review of shale swelling by water adsorption[J]. Journal of Natural Gas Science and Engineering, 2015, 27:1421-1431.

[160] BROCHARD L, VANDAMME M, PELLENQ R J M, et al. Adsorption-induced deformation of microporous materials: coal swelling induced by CO_2-CH_4 competitive adsorption[J]. Langmuir, 2012, 28(5):2659-2670.

[161] MOONEY R W, KEENAN A G, WOOD L A. Adsorption of water vapor by montmorillonite. II. effect of exchangeable ions and lattice swelling as measured by X-ray diffraction[J]. Journal of the American Chemical Society, 1952, 74(6):1371-1374.

[162] FU M H, ZHANG Z Z, LOW P F. Changes in the properties of a montmorillonite-water system during the adsorption and desorption of water: hysteresis[J]. Clays and Clay Minerals, 1990, 38(5):485-492.

[163] LI H L, SONG S X, DONG X S, et al. Molecular dynamics study of crystalline swelling of montmorillonite as affected by interlayer cation hydration[J]. Journal of Metals, 2018, 70(4):479-484.

[164] XING X B, LV G C, ZHU W S, et al. The binding energy between the interlayer cations and montmorillonite layers and its influence on Pb^{2+} adsorption[J]. Applied Clay Science, 2015, 112/113:117-122.

[165] ODRIOZOLA G, DE J GUEVARA-RODRÍGUEZ F. Na-montmorillonite hydrates under basin conditions: hybrid Monte Carlo and molecular dynamics simulations[J]. Langmuir, 2004, 20(5):2010-2016.

[166] PARK S H, SPOSITO G. Do montmorillonite surfaces promote methane hydrate formation? Monte Carlo and molecular dynamics simulations[J]. The Journal of Physical Chemistry B, 2003, 107(10):2281-2290.

[167] 陈洪德, 庞林, 倪新锋, 等. 中上扬子地区海相油气勘探前景[J]. 石油实验地质, 2007, 29(1):13-18.

[168] 马力, 陈焕疆, 甘克文. 中国南方大地构造和海相油气地质[M]. 北京: 地质出版社, 2004.

[169] 四川油气区石油地质志编写组. 中国石油地质志(卷10): 四川油气区[M]. 北京: 石油

工业出版社,1989.

[170] 翟光明,宋建国,靳久强,等.板块构造演化与含油气盆地形成和评价[M].北京:石油工业出版社,2002.

[171] 何治亮,汪新伟,李双建,等.中上扬子地区燕山运动及其对油气保存的影响[J].石油实验地质,2011,33(1):1-11.

[172] 陈旭,樊隽轩,张元动,等.五峰组及龙马溪组黑色页岩在扬子覆盖区内的划分与圈定[J].地层学杂志,2015,39(4):351-358.

[173] 汪啸风.长江三峡地区生物地层学:早古生代分册[M].北京:地质出版社,1987.

[174] 陈旭,徐均涛,成汉钧,等.论汉南古陆及大巴山隆起[J].地层学杂志,1990,14(2):81-116.

[175] 金淳泰.四川綦江观音桥志留纪地层及古生物[M].成都:四川人民出版社,1982.

[176] 陈旭.贵州桐梓早志留世笔石[M]//中国科学院,南京地质古生物研究所集刊.北京:科学出版社:1978.

[177] 樊隽轩,吴磊,陈中阳,等.四川兴文县麒麟乡五峰组-龙马溪组黑色页岩的生物地层序列[J].地层学杂志,2013,37(4):513-520.

[178] 穆恩之,朱兆玲,陈均远,等.四川长宁双河的志留系[J].地层学杂志,1983(3):208-215.

[179] 何卫红,汪啸风,卜建军.晚奥陶世五峰期扬子海盆海平面变化旋回与古水体深度[J].沉积学报,2002,20(3):367-375.

[180] 戎嘉余.华南奥陶、志留纪腕足动物群的更替:兼论奥陶纪末冈瓦纳冰川活动的影响[J].现代地质,1999,13(2):194.

[181] 李艳芳,吕海刚,张瑜,等.四川盆地五峰组-龙马溪组页岩 U-Mo 协变模式与古海盆水体滞留程度的判识[J].地球化学,2015,44(2):109-116.

[182] ZHANG T G,KERSHAW S,WAN Y,et al. Geochemical and facies evidence for palaeoenvironmental change during the Late Ordovician Hirnantian glaciation in South Sichuan Province,China[J]. Global and Planetary Change,2000,24(2):133-152.

[183] 周恩恩,牟传龙,梁薇,等.湘西北龙山、永顺地区龙马溪组潮控三角洲沉积的发现:志留纪"雪峰隆起"形成的新证据[J].沉积学报,2014,32(3):468-477.

[184] 张丛.黔中隆起及周缘志留纪层序地层格架及其古地理背景[D].北京:中国地质大学(北京),2006.

[185] 王怿,戎嘉余,詹仁斌,等.鄂西南奥陶系-志留系交界地层研究兼论宜昌上升[J].地层学杂志,2013,37(3):264-274.

[186] 葛治洲,戎嘉余,杨学长,等.西南地区的志留系[M]//中国科学院南京地质古生物研究所.西南地区碳酸盐岩生物地层.北京:科学出版社,1979:155-220.

[187] 樊隽轩,MELCHIN M J,陈旭,等.华南奥陶-志留系龙马溪组黑色笔石页岩的生物地层学[J].中国科学(地球科学),2012,42(1):130-139.

[188] 王怿,樊隽轩,张元动,等.湖北恩施太阳河奥陶纪-志留纪之交沉积间断的研究[J].地层学杂志,2011,35(4):361-367.

[189] 戎嘉余,陈旭,王怿,等.奥陶-志留纪之交黔中古陆的变迁:证据与启示[J].中国科学(地球科学),2011,41(10):1407-1415.

[190] 中国科学院南京地质古生物研究所.西南地区地层古生物手册[M].北京:科学出版社,1974.

[191] 戎嘉余,詹仁斌.牛场组:上扬子区南部志留系兰多维列统的一个新地层单位[J].地层学杂志,2004,28(4):300-306.

[192] 金淳泰.西南地区地层总结 志留系[R].地质部成都地质矿产研究所,1982.

[193] 崔金栋.黔中隆起及周缘构造演化的沉积响应[D].长沙:中南大学,2013.

[194] 龚联瓒.关于贵州北部和黔东南志留系岩石地层划分对比和统一名称问题[J].贵州地质,1990,7(4):313-323.

[195] 戎嘉余,马克斯.约翰逊,赵元龙.古喀斯特岩岸的地质意义:以黔中贵阳乌当志留纪岩岸为例[J].地质论评,1996,42(5):448-458.

[196] 李双建,肖开华,沃玉进,等.南方海相上奥陶统:下志留统优质烃源岩发育的控制因素[J].沉积学报,2008,26(5):872-880.

[197] 梁狄刚,郭彤楼,边立曾,等.中国南方海相生烃成藏研究的若干新进展(三)南方四套区域性海相烃源岩的沉积相及发育的控制因素[J].海相油气地质,2009,14(2):1-19.

[198] 严德天,王清晨,陈代钊,等.扬子及周缘地区上奥陶统-下志留统烃源岩发育环境及其控制因素[J].地质学报,2008,82(3):321-327.

[199] RAN B,LIU S,JANSA L,et al. Origin of the Middle Ordovician-lower Silurian cherts of the Yangtze block,South China,and their palaeogeographic significance [J]. Journal of Asian Earth Sciences,2015,108:1-17.

[200] 王淑芳,邹才能,董大忠,等.四川盆地富有机质页岩硅质生物成因及对页岩气开发的意义[J].北京大学学报(自然科学版),2014,50(3):476-486.

[201] FRENKEL D,SMIT B,RATNER M A. Understanding molecular simulation:from algorithms to applications[J]. Physics Today,1997,50(7):66.

[202] JORGENSEN W L,MADURA J D,SWENSON C J. Optimized intermolecular potential functions for liquid hydrocarbons[J]. Journal of the American Chemical Society,1984,106(22):6638-6646.

[203] MARTIN M G,SIEPMANN J I. Transferable potentials for phase equilibria. 1. united-atom description of n-alkanes[J]. The Journal of Physical Chemistry B,1998,102(14):2569-2577.

[204] PHILLIPS J M,STORY T R. Commensurability transitions in multilayers:a response to substrate-induced elastic stress[J]. Physical Review B,1990,42(11):6944-6953.

[205] CORNELL W D,CIEPLAK P,BAYLY C I,et al. A second generation force field for the simulation of proteins,nucleic acids,and organic molecules[J]. Journal of the American Chemical Society,1995,117(19):5179-5197.

[206] JORGENSEN W L,MAXWELL D S,TIRADO-RIVES J. Development and testing of the OPLS all-atom force field on conformational energetics and properties of organic liquids [J]. Journal of the American Chemical Society, 1996, 118（45）: 11225-11236.

[207] CHEN B,SIEPMANN J I. Transferable potentials for phase equilibria. 3. explicit-hydrogen description of normal alkanes[J]. The Journal of Physical Chemistry B, 1999,103(25):5370-5379.

[208] ZHANG H,TAN S J,PRASETYO L,et al. A simulation study of the low temperature phase diagram of the methane monolayer on graphite:a test of potential energy functions[J]. Physical Chemistry Chemical Physics,2020,22(30):17134-17144.

[209] WENDER I. Catalytic synthesis of chemicals from coal[J]. Catalysis Reviews,1976, 14(1):97-129.

[210] PRASETYO L,TAN S J,ZENG Y H,et al. An improved model for N_2 adsorption on graphitic adsorbents and graphitized thermal carbon black—the importance of the anisotropy of graphene[J]. The Journal of Chemical Physics,2017,146(18):146.

[211] ZHANG H,JOHNATHAN TAN S,DO D D,et al. A re-assessment of the isosteric heat for CCl_4 adsorption on graphite [J]. Applied Surface Science, 2019, 465: 537-545.

[212] LIU L M,ZHANG H,DO D D,et al. On the microscopic origin of the temperature evolution of isosteric heat for methane adsorption on graphite[J]. Physical Chemistry Chemical Physics,2017,19(39):27105-27115.

[213] NICHOLSON D,PARSONAGE N G. Computer simulation and the statistical mechanics of adsorption[M]. London:Academic Press,1982.

[214] 李娟. 渝东南地区龙马溪组黑色页岩储层特征:以鹿角剖面和渝页 1 井为例[D]. 北京:中国地质大学(北京),2013.

[215] 龚联璨. 对贵阳乌当志留系高寨田群下亚群岩石地层划分、对比的新意见[J]. 贵州地质,1987(11):61-64.

[216] 周恳恳. 中上扬子及其东南缘中奥陶世-早志留世沉积特征与岩相古地理演化[D]. 北京:中国地质科学院,2015.

[217] 戎嘉余,陈旭,詹仁斌,等. 贵州桐梓县境南部奥陶系-志留系界线地层新认识[J]. 地层学杂志,2010,34(4):337-348.

[218] BOUCOT A J,CHEN X. Fossil plankton depth zones[J]. Palaeoworld,2009,18(4): 213-234.

[219] TAYLOR S R,MCLENNAN S M. The continental crust:Its composition and evolu-

tion[M]. Oxford:Blackwell Scientific,1985.

[220] PIPER D Z,PERKINS R B. A modern vs. Permian black shale—the hydrography, primary productivity,and water-column chemistry of deposition[J]. Chemical Geology,2004,206(3/4):177-197.

[221] GRUNER J W. The crystal structure of kaolinite[J]. Zeitschrift Für Kristallographie - Crystalline Materials,1932,83(1/2/3/4/5/6):75-88.

[222] GUALTIERI A F,FERRARI S,LEONI M,et al. Structural characterization of the clay mineral illite-1M[J]. Journal of Applied Crystallography,2008,41(2):402-415.

[223] ZHENG H,BAILEY S W. Structures of intergrown triclinic and monoclinic IIb chlorites from Kenya[J]. Clays and Clay Minerals,1989,37(4):308-316.

[224] ALBERTO V,ALESSANDRO F G,GILBERTO A. The nature of disorder in montmorillonite by simulation of X-ray powder patterns[J]. American Mineralogist,2002,87(07):966-975.

[225] BRILL R,HERMANN C,PETERS C. Studien über chemische bindung mittels fourieranalyse Ⅲ[J]. Naturwissenschaften,1939,27(40):676-677.

[226] MARTIN M G,SIEPMANN J I. Novel configurational-bias Monte Carlo method for branched molecules. transferable potentials for phase equilibria. 2. united-atom description of branched alkanes[J]. The Journal of Physical Chemistry B,1999,103(21):4508-4517.

[227] CHEN B,POTOFF J J,SIEPMANN J I. Monte Carlo calculations for alcohols and their mixtures with alkanes. transferable potentials for phase equilibria. 5. united-atom description of primary,secondary,and tertiary alcohols[J]. The Journal of Physical Chemistry B,2001,105(15):3093-3104.

[228] 鲜学福,许江,王宏图. 煤与瓦斯突出潜在危险区(带)预测[J]. 中国工程科学,2001,3(2):39-46.

[229] HEMES S,DESBOIS G,URAI J L,et al. Multi-scale characterization of porosity in Boom Clay (HADES-level,Mol,Belgium) using a combination of X-ray μ-CT,2D BIB-SEM and FIB-SEM tomography[J]. Microporous and Mesoporous Materials,2015,208:1-20.

[230] 刘伟,许效松,冯心涛,等. 中上扬子上奥陶统五峰组含放射虫硅质岩与古环境[J]. 沉积与特提斯地质,2010,30(3):65-70.

[231] 雷卞军,阙洪培,胡宁,等. 鄂西古生代硅质岩的地球化学特征及沉积环境[J]. 沉积与特提斯地质,2002,22(2):70-79.

[232] 陈尚斌. 四川盆地南部下志留统龙马溪组页岩气成藏机理研究[D]. 徐州:中国矿业大学,2012.

[233] 何治亮,聂海宽,张钰莹. 四川盆地及其周缘奥陶系五峰组-志留系龙马溪组页岩气富集主控因素分析[J]. 地学前缘,2016,23(2):8-17.